科印培训指定教材

一看就懂

胶印领机实战手册

Jiaoyin Lingji Shizhan Shouce

莫国新 编著

印刷工业出版社

内容提要

本书以海德堡速霸CD102四色胶印机为例，分为操作篇、保养篇、故障篇、案例篇。操作篇按照印刷设备的操作装置分类讲解操作的步骤并附加重点过程的现场画面；保养篇将需要保养的印刷设备部件以及周期内需保养、润滑的部件进行具体描述；故障篇按故障现象、解决办法、注意事项的体例编写印刷厂中的常见故障；案例篇即描写印厂具体印品在印刷过程中出现的系列问题，包括操作要点、出现的故障、与客户协调的过程等。

全书由技巧提示、重点问题讨论、正文和案例这4个构架组成，条理清晰，图文并茂，语言贴近实际生产、通俗易懂、亲和力强。

图书在版编目（CIP）数据

胶印领机实战手册/莫国新编著. —北京:印刷工业出版社,2012.10
ISBN 978-7-5142-0587-9
(一看就懂)
Ⅰ.胶… Ⅱ.莫… Ⅲ.平版印刷机－技术培训－教材 Ⅳ. ①TS827

中国版本图书馆CIP数据核字(2012)第224830号

一看就懂 胶印领机实战手册

编　　著：莫国新

责任编辑：艾　迪　　　　责任校对：郭　平
责任印制：张利君　　　　责任设计：张　羽
出版发行：印刷工业出版社（北京市翠微路2号 邮编：100036）
网　　址：www.keyin.cn　　www.pprint.cn
网　　店：//pprint.taobao.com　　www.yinmart.cn
经　　销：各地新华书店
印　　刷：廊坊市蓝菱印刷有限公司

开　　本：787mm×1092mm　　1/16
字　　数：202千字
印　　张：8.375
印　　数：1～2500
印　　次：2013年1月第1版　　2013年1月第1次印刷
定　　价：43.00元
I S B N：978-7-5142-0587-9

◆ 如发现印装质量问题请与我社发行部联系　发行部电话：010-88275602　直销电话：010-88275811

前 言

Preface

领机是印刷机的驾驭者，是企业的高技能人才。一名优秀的领机，既要有专业知识，又要有操作经验；既要能协调指挥，又要能处理具体问题；既要能吃苦耐劳、潜心钻研，还要对本职工作具有强烈的责任心。

笔者也曾是一名资深领机，深知领机工作之辛苦，责任之重大。特别是在一些规模小、管理不规范的企业，领机既要做管理，又要开机器，一天到晚忙得是又苦又累。对此，我和大家都感同身受。如何把领机的工作做得更好，是我一直在思考的问题。思来想去，其中的技能确实是关键因素。领机的成长离不开学和干，勤学巧干、理论联系实际，才能尽快提升操作技能水平，才能成为一名优秀的领机。这里边的“学”，不是死学深奥的理论，而是侧重于活学最实用的操作技能；这里边的“干”，不是苦干、死干，而是巧干，要善于动脑筋、想办法，不断总结经验和教训。正是抱着这样的宗旨，本书以海德堡速霸 CD102 四色胶印机为主要对象，以自己的切身操作体会为基础，把自己多年的海德堡印刷机操作经验、小窍门、典型案例等整理出来，编辑成书，与业界同行共同学习交流。鉴于自身水平的局限性和印刷技术的复杂性，书中肯定有一些不当之处，敬请读者谅解并指正。

编　者

2012 年 7 月

目　录

Contents

1 操作篇

1.1 输纸装置 …… 3

1.1.1 预堆纸 …… 3

1.1.2 飞达头 …… 4

1.1.3 接纸轮和导纸辊 …… 5

1.1.4 双张控制器 …… 6

1.1.5 输纸板 …… 7

1.1.6 防异物挡护杆 …… 8

1.1.7 压纸板 …… 8

1.2 定位及传递装置 …… 9

1.2.1 前规 …… 9

1.2.2 拉规 …… 9

1.2.3 传纸机构 …… 9

1.3 印刷装置 …… 10

1.3.1 印版滚筒背胶的粘贴 …… 11

1.3.2 印版版夹 …… 11

1.3.3 拉版 …… 13

1.3.4 借印版滚筒 …… 13

1.3.5 周、轴向拉版机构 …… 13

1.3.6 橡皮滚筒 …… 14

1.3.7 压印滚筒 …… 16

1.4 输墨装置 …… 18

1.4.1 墨斗 …… 18

1.4.2 墨辊 …… 20

1.4.3 墨辊的作用和调节要点 …… 23

1.5 输水装置 …… 26
1.5.1 输水装置各部分操作要点 …… 26
1.5.2 输水装置的安装与调节 …… 30
1.6 收纸装置 …… 33
1.6.1 收纸链条 …… 33
1.6.2 收纸吸风减速轮和纸张整形器 …… 34
1.6.3 压纸风扇、吹风杆、放纸时间控制凸轮 …… 34
1.6.4 喷粉的使用和控制 …… 36

2 保养篇

2.1 机器的润滑 …… 41
2.1.1 油槽 …… 41
2.1.2 油泵及前、后过滤器 …… 42
2.1.3 油管和分油阀 …… 43
2.1.4 油眼和油嘴 …… 44
2.1.5 其他部位的润滑 …… 46
2.1.6 润滑油的选择和定期更换 …… 49
2.2 机器的清洁 …… 49
2.3 关于进一步加强保养工作的思考 …… 53

3 故障篇

3.1 输纸故障 …… 58
3.1.1 双张或多张故障 …… 58
3.1.2 纸张歪斜故障 …… 59
3.1.3 纸张拖梢破口故障 …… 61
3.1.4 空张或停顿故障 …… 63
3.2 水路故障 …… 64
3.2.1 压缩机经常不制冷或制冷效果差 …… 64
3.2.2 不自动吸酒精或润版液 …… 65
3.2.3 水泵不上水或上水压力太小 …… 66
3.2.4 脏版 …… 67
3.2.5 水杠 …… 69
3.3 墨路故障 …… 71
3.3.1 胶辊传墨不良 …… 71
3.3.2 墨色前深后淡 …… 72
3.3.3 墨杠 …… 74

3.4 水墨平衡故障 …… 76
3.4.1 水墨不平衡故障的表现形式 …… 76
3.4.2 影响水墨不平衡的主要因素 …… 77
3.4.3 水墨平衡的控制要点 …… 77
3.5 印刷压力故障 …… 79
3.6 套印不准故障 …… 83
3.6.1 晒版或胶片不准引起的故障 …… 83
3.6.2 纸张伸缩引起套印不准的故障 …… 84
3.6.3 滚筒包衬不当引起套印不准的故障 …… 87
3.6.4 其他方面原因引起套印不准的故障 …… 88
3.7 收纸故障 …… 90

4 案例篇

4.1 飞达下纸时间不稳定 …… 97
4.2 纸张表面强度差怎么办 …… 98
4.3 新机器套印不准怎么办 …… 99
4.4 专色油墨的调配 …… 101
4.5 印刷换色技巧分析 …… 103
4.6 叼纸牙中的“牙垢” …… 104
4.7 油墨的灵活应用 …… 104
4.7.1 油墨的叠印不良案例 …… 104
4.7.2 油墨对纸张的剥离张力案例 …… 105
4.7.3 油墨色彩的呈色效应案例 …… 105
4.7.4 由油墨引起的“鬼影”案例 …… 106
4.7.5 油墨包在胶辊上传递不良，印品墨层浅淡案例 …… 106
4.8 一次印金工艺的巧妙改进 …… 108
4.9 透明胶带的妙用 …… 109
4.9.1 修补橡皮布轧痕 …… 109
4.9.2 粘贴印版拖梢裂口 …… 110
4.9.3 解决拉规对图文部分的擦伤 …… 110
4.10 隔色彩虹印刷技术的应用 …… 110
4.11 覆膜起泡的原因 …… 112
4.12 印品网点不平服 …… 114
4.13 油槽里升腾的烟雾 …… 115

4.14 纸张拖梢的破口 …… 116
4.15 气泵故障 …… 117
4.15.1 飞达输纸歪斜 …… 117
4.15.2 喷粉装置不出粉 …… 118
4.15.3 气泵电机不工作 …… 118
4.15.4 气泵管不耐压怎么办 …… 119
后记 如何当好胶印机机长 …… 121

操作篇

高速、多色和自动化是现代胶印机一以贯之的发展目标，各个品牌、各种型号的胶印机不断推陈出新，引领时代潮流。尽管我们操作的机型各有不同，但操作的基本方法、基本原理是相通的。本章节以海德堡四色胶印机为例，从机器的飞达开始到收纸装置结束，详细讲述其操作要领。

- 巧干工作
- 掌握关键的技术
- 水墨辊的正确安装与水墨平衡的关系

开机器容易，但开好机器却难。有人说，进口的多色胶印机自动化程度高，印刷速度快，产品质量好，操作起来既方便又快捷，简直就是一台“傻瓜机”，只要有一些印刷基础，都可以开好机器。如果抱着这样的想法，这机器用不了几年，就成一堆废铁了。其实，机器再先进，也需要有人来操作，自动化程度越高，科技含量就越高，对操作者的要求也就越高。

作为一名领机，驾驭着一台价值几百万、几千万的昂贵设备，承载着公司领导和员工的众多期望，有责任把机器用好、开好，发挥机器的先进效能，为公司创造出最大的效益。因此，我们要认真学习、潜心钻研、科学管理、规范操作，最大限度地降低机器的故障率，减少不必要的维修费用，延长机器的使用寿命，使机器始终保持良好的运行状态。只有这样，才能不断提高技术水平，提高产品质量，也只有这样的操作态度，才能把机器开好。

一台印刷机看似很庞大、很复杂，但都是由五大装置组成，即输纸装置、定位及传递装置、印刷装置、输水输墨装置、收纸装置。领机一定要掌握这五大装置的作用，才能把机器操作好。

1.1 输纸装置

1.1.1 预堆纸

预堆纸不是领机的主要工作，但却是把好印刷质量的第一关。领机要经常指导、检查机台人员如何做好这项工作，否则，就可能埋下各种意想不到的隐患，使印刷工作无法正常进行。重点要注意以下几方面。

（1）纸张是否和生产单相符，避免用错纸张。

（2）纸张是否松透、堆齐，摆放在预堆纸板上的位置是否正确。

（3）纸张里是否有破纸、霉纸、折角、正反颠倒等，特别是要检查因切纸工搬放纸张时卷起的小纸团，稍有不慎，就会有轧坏橡皮布的危险。

（4）纸张不同，搬纸的方法就不同，要根据纸张的具体情况，灵活采取相应的正确方法。比如，当纸张不够平整时，可以用手敲较薄的胶版纸，却不能敲铜版纸。经常有一些员工对叼口不平整的铜版纸，特别是印完单面后有些卷曲的铜版纸，仍错误地采用手工敲纸的方法，这严重破坏了铜版纸表面的涂布层。敲出来的折痕是无法消除的，使一些杂志、样本等产品质量深受影响，甚至因此报废。因此，正确的方法应该是用手掌心将卷翘的纸角反向用力来回揉几次，即可恢复平整。同时搬纸的手法也要注意，搬铜版纸时一定要用手握住纸张的拖梢部位，让纸张自然卷曲后再搬起，如图 1–1 所示。

图 1–1 卷曲搬纸法

这样做的好处：能够防止纸张表面产生

不应有的折痕，避免影响产品外观质量；防止纸张背面的图文被折伤、蹭脏，从而有效避免对产品外观质量的影响。

1.1.2 飞达头

飞达头的组成部分主要有：传动万向轴、旋转分气阀、分纸吸嘴、递纸吸嘴、压纸脚、分纸簧片、松纸吹嘴、压纸块、两侧挡纸杆及侧吹风等，如图 1–2 所示。

对于飞达头的调节方法，机器的操作说明书都有介绍，图 1–3 所示即为海德堡速霸胶印机飞达头的调节示意图。

图 1–2 海德堡飞达头

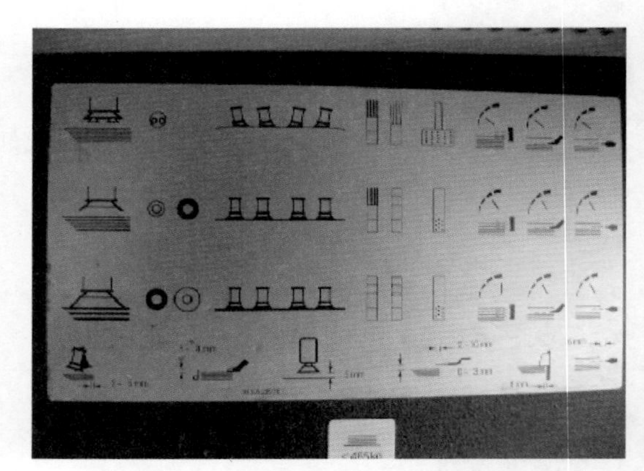

图 1–3 海德堡飞达的基本调节

该图是标准状态下的基本调节方法，值得我们细细地揣摩其中一般性的道理。但在实际工作中，各台机器的调节方法绝对不可能千篇一律。因为各个新、旧机器的工作状态标准不同；所有相关零部件的调节不一定很灵活、有效；且各种纸张的印刷适性都不一样等。

比如：当气泵供应的总风量有所减弱，在调节的时候，就要考虑这个因素，风量要比以前有所加大才行。再比如：每个产品的纸张质量、厚度、平整度、规格都不尽相同，此时如不采取灵活措施对各个部件进行调节，飞达输纸肯定会有各种故障，无法正常工作。因此，对于飞达的操作，确实没有任何固定的数据和模式，讲究的是临场经验和技巧，只能靠操作者自己勤观察、勤分析、勤动手，不断积累经验，快速提高分析问题和解决问题的能力。在我看来，飞达的操作要点主要有下列几点。

（1）纸堆的高度应低于挡纸板 5mm。过高，输纸容易出现多张；过低，输纸容易撞挡纸板，使输纸不断停顿。

（2）压纸脚伸进纸堆以 10mm 左右为宜，印薄纸时要防止压纸脚踏破纸边，特别是很薄的纯质纸，更容易被踏破；压纸脚吹风量大小的调节以吹松纸时，递纸吸嘴能顺利吸起纸张向前输送为宜。

（3）分纸吸嘴在印刷 $157g/m^2$ 以下纸张时，吸嘴应向内倾斜，呈内八字形，使吸起的纸张基本绷平；反之，则应保持直立状态；分纸吸嘴下落时，不应碰及纸面，以刚好接触为宜；遇有纸张拖梢卷曲不平时，除应用木楔将纸堆垫平外，应调节分纸吸嘴的翻转角度，使吸嘴面与纸面保持平面接触，顺利吸起纸张；对于分纸吸嘴与纸面高度的调节，既可以直接调节旋钮，也可以通过调节压纸脚的高度来间接调节。

（4）递纸吸嘴应高于纸面5mm左右，向前递纸时，不能与下一张纸面有任何摩擦；纸堆两侧的吹风必须有足够的吹风托起纸角，否则，在高速印刷时，容易引起递纸歪斜；递纸吸嘴刚向前送纸时，挡纸板应同步向前倾倒。

（5）分纸簧片应视纸张厚薄、纸张纤维强度伸进纸堆5mm左右，既要让分纸吸嘴顺利吸纸，防止吸起双张或多张，又不能压着纸面太多，使纸张拖梢刮破。至于分纸簧片是否应压着纸堆的问题，在很多书籍中都说不能，且应该离纸面2mm。但我认为，凡事不能绝对，要根据当时的实际情况而定。对于白板纸、铜版纸来说，确实应离纸堆有1～2mm的高度，而对于较薄的胶版纸、纯质纸来说，由于纸张又薄又脆，经不住分纸簧片的刮打，就特别容易使纸边一刮就破，假如分纸簧片向下紧压着纸堆，情况就大为好转。当然，无论怎么调节，必须要经常查看纸边是否刮破。

（6）压纸块应左右对称调节，并要和纸堆拖梢边保持1mm间距，以免影响纸张的运动。当印刷厚板纸时，由于纸张太硬，会将较轻的压纸块直接抬起，造成下面的纸失去一定的压束，纸角飘动范围大，由此会经常产生双张。此时应更换带有撑簧的重型压纸块，如果机器没有配备，我们就在压纸块上各加一把小铁锁或挂个旧轴承等，以使压纸块能始终压着纸张的两个边角，效果也特别好。只是在使用这种土方法时，必须绝对保证安全。

（7）飞达供气量的调节。气泵在正常工作状态下，吹风压力表为+0.7，吸气真空表为–0.6，一般可以适应绝大多数纸张的需要。在印刷过程中，操作者要不断地针对纸张的特点和输纸飞达的工作情况，随时调节气量的大小。

（8）侧吹嘴吹风的调节。当机器使用一定的年限后，由于气泵损坏或吹风管堵塞的原因，侧吹嘴就没有吹风了。在此情况下，操作者一般仍然能够保持正常开机，但在遇到纸张规格较大、前角下趴或未完全松透时，就会严重影响飞达头的正常输纸，而不得不将机器的速度降低下来。因此，经常维护侧吹风的正常工作，对于飞达准确输纸显得非常重要。

1.1.3 接纸轮和导纸辊

当递纸吸嘴刚递出纸张时，导纸辊前的挡纸舌也应同步向前倾倒，纸张就交给接纸轮压在导纸辊上，在导纸辊的驱动下，传给输纸板。因此，接纸轮和导纸辊之间要有一定的压力，并且两只接纸轮下落接纸的时间也要完全步调一致，否则会导致纸张两侧受力不均，产生歪斜。至于接纸轮何时接纸，应当以递纸吸嘴刚刚放纸时，接纸轮和导纸辊仍有1mm的间隙为宜。因为，如果没有这个间隙，递纸吸嘴递出的纸张就无法通过导纸辊。这里需要注意一个问题，由于纸灰的原因，接纸轮上的撑簧及摆动轴部分经常被卡死或锈死，和导纸辊接触时不能产生足够的压力，致使输纸不稳定。这种现象一般不易察觉，只会在印刷薄纸或高速印刷时才会有明显反应。因此，建议大家每周要对接纸轮定期清洁，对撑簧及摆动轴定期加注几滴润滑油，使其始终能可靠地工作，如图1–4所示。

这里需要特别强调的是，如今的进口多色胶印机都向高速化方向发展，其印刷速度高达15000张/时以上。这么快的速度，就必然使纸张的定位时间显得太短，其准确性就无法保证。为此，机器在设计方面已经做了很好的改进。

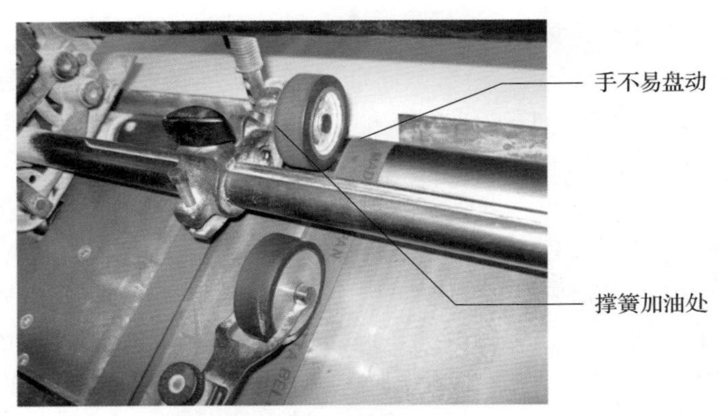

图 1–4　接纸轮对导纸辊的压力调节

（1）把导纸辊的匀速传动改为变速传动。导纸辊的变速传动是靠一组曲轴齿轮相互变速实现的，其目的就是一方面要加快纸张在传输过程中的速度，另一方面要减缓纸张到达前规时的速度。变速调节的时间为：当递纸吸嘴运动到最大距离，刚要放纸，导纸轮刚要压住纸张的一瞬间，用一小棒插入变速齿轮上的一检查孔中 1.5cm 即可，此时，拔出小棒，再进一步点动机器，检查输纸台板上的纸张到达前挡规的时间应为 186° 左右即为正确。否则，变速齿轮有可能跑位或损坏，致使纸张到前规定位的时间或早或晚，造成走纸不准。

（2）把前规由上摆式改为下摆式，使前规可以在纸张刚被递纸牙叼走后，就可以及时返回，从而使前规有充分的时间对后一张纸进行定位，为侧拉规对纸张准确定位保留足够的时间，使纸张能够获得更高的定位精度。

1.1.4　双张控制器

双张控制器的操作，一般比较简单，但总有人调不好，经常让双张或多张纸通过，致使橡皮布轧坏、产品出现白张等现象。究竟应该怎样调，才能恰到好处呢？双张控制器的种类很多，有机电式、光电式、超声波式等，现有的机器同时设计有好几种双张控制器，可以结合起来调节，严格控制双张输入机器。图 1–5 所示的是 CD102 型海德堡四色胶印机的双滚轮机电式双张控制器。

这是一种较为常见的机电式双张控制器，现就此调节方法做详细介绍。

图 1–5　双滚轮机电式双张控制器

（1）刚起印时，先让纸张通过双张控制器，还未到达拉规前，调松滚花螺母，使从动轮刚好转动，触碰微动开关，使飞达停下。

（2）再反向调紧滚花螺母，使从动轮刚好不触碰微动开关的钢片，然后，再继续调紧滚花螺母 15° 即可。

（3）上述方法在正常情况下是完全适用的，但如遇到拱七拱八的不平整的厚版纸时，则会由于纸张太硬且又不规则起拱，而触动双张控制器。倘若人为地故意调大双张控制器的间隙，则会使其中一些略微平整的双张纸也顺利通过了，岂不又导致橡皮布被轧坏？对此，我们采用在微动开关的簧片上扣 1 ~ 2 根橡皮筋，让其不被拱起的纸张触动簧片，使微动开关的反应慢些，不被假的双张迷惑，而一旦真有双张，则会触碰微动开关，让其无法通过。

多年的实践证明，这样的调节方法确实比较简单可靠，能够有效地防止双张进入机器。有许多书籍中介绍的调节方法不一样，特别是有的讲双张控制轮下只许通过三张纸，有的讲只许通过四张纸，之所以有分歧，主要是没有考虑到所印纸张宽度的大小。因为任何一台印刷机的飞达，所连续输出的纸张的步距是不变的，变的是因产品的更换而带来的纸张幅面的不同。也许纸张宽度小的，输纸板上只会有两张纸重叠在一起；纸张宽度大的会有四张纸重叠在一起。那么，双张控制器轮下允许通过的纸张就不可能固定不变。所以，在操作中，应以实践为依据，灵活掌握。

1.1.5 输纸板

（1）输纸线带穿绕滚轮轴的方法要正确。为了防止新换的线带接头沾染纸灰、油污，影响粘贴效果，可以先用透明胶将新、旧线带的两端粘贴起来，这样就可以拉动旧线带，直接拖出新线带，然后在新线带接头处涂抹一层薄薄的胶水，等胶水略微收干后，再用事先已经加热过的线带焊接机夹紧线带，焊接 10 分钟即可。如一次不行，可以紧接着再加温焊接一次，如图 1–6 所示。实践表明，如果都用这种方法穿绕输纸线带，最起码可以保证输纸线带的正确穿绕，不会被那么多滚轮轴绕晕了头。可惜有许多机长嫌这样做太麻烦，但又缺乏足够的技巧，以至于穿绕线带时，七拐八绕地误穿了线带，当然会导致飞达输纸不正常。这种自挖陷阱的低级错误，不仅影响到生产进程，造成额外的浪费，而且还会对输纸机构带来不同程度的破坏。

图 1–6　对输纸线带进行粘接

（2）每根输纸线带的张紧程度要基本一致，以落下输纸板后，用手能拎起线带 2cm 左右为宜，只有把所有线带的张力调节一致，才能确保各线带的速度同步。

（3）线带球、线带滚轮不可有晃动、串动，输纸线带传送必须平稳而不会跑位偏向一边。

（4）压纸轮、毛刷轮的位置要左右对称，压力适中。输纸轮一旦把纸张输送到前规定位后，就绝不能再压着纸尾，而要离纸尾 2mm；软毛刷轻压纸面，硬毛刷轻压纸尾，如遇厚板纸，这两个毛刷压力可同时适当加大，必须确保走纸准确到位，不回弹，如图 1–7 所示。

图 1–7 输纸轮的正确使用

1.1.6 防异物挡护杆

纸张在进入前规定位前，都要经过一个防止异物进入机器的挡护杆，如图 1–8 所示。

由于纸张厚度的变化，挡护杆的高低位置需要经常调节，有些操作人员怕麻烦，常把挡护杆掀起来不用。殊不知这是一个很危险的做法，要坚决杜绝。挡护杆的安全保护作用很大，可以阻止一些松动的零部件、纸张里面的坏纸团等进入机器轧伤滚筒和橡皮布，可以有效避免很多安全事故的发生。这根小挡护杆经常可以挡住坏纸团、飞达头上松动的螺丝和松动的压纸轮、毛刷轮等。可见，在工作中养成良好的操作习惯是非常重要的。

1.1.7 压纸板

压纸板是为了使纸张叼口保持平整，使前规准确定位，递纸牙顺利叼纸，如图 1–9 所示。压纸板不能调得过高或过低，要根据纸张的厚度、平整度情况区别对待。遇有纸张叼口

图 1–8 防异物挡护杆

图 1–9 压纸板

特别上翘时，压纸板的硬度还要加大，可在压纸板的下面再粘贴一层厚白板纸来加压；遇有纸张叼口纸角紧缩下趴时，可在输纸板或前规输纸台上各贴一张长纸条，导引该纸张顺利进入前规定位。必要时，要抬起输纸板，借用手电筒沿着进纸方向，挨个检查一遍，确保进纸顺畅。但压纸板调好后，一定要拧紧，防止松动脱落后，把机器轧坏。我们就曾吃过这方面的苦头，请大家谨慎操作。

1.2 定位及传递装置

1.2.1 前规

前规的操作要注意遵循两个要点：一是产品的叼口要调节一致；二是前规的高度要随着纸张厚度的变化而及时调整，一般是纸张厚度的两倍多一点。曾经有一次，我们在承印 450g/m^2 的厚板纸时，前规高度设定为 150mm，由于要校版校墨色，就顺手拿了一些 105g/m^2 的铜版纸来用，可在前规定位后，递纸牙就是不接纸。仔细分析原因，才知道是前规的高度太高，递纸牙闭合时的间隙仍然太大，根本叼不走输纸台上的薄纸。当手动降低前规的高度后，故障就立即排除了。

1.2.2 拉规

拉规的操作非常讲究技巧，最难掌握的是拉规球偏心的调节。不同的纸张，有不同的方法，但只要掌握好一个总的原则，就可以基本解决。这个总原则就是，当拉规球拉纸时，拉规盖板不能压着纸面，应还有一点点间隙，这个间隙对印薄纸来说，要尽量小；而对印厚纸来说，可以放大点。如果这个间隙过大，较薄的纸张就有拱起的可能，而把纸张拉过头；过小，则使纸张不能拉到位。拉规的具体调节方法是：

（1）点动机器至 270°，此时拉规球已落在拉规的齿形铁条上。

（2）用平口起子转动拉规球偏心轴，用手指刚好拨动拉规球，然后再反向转动偏心轴两小格即可，如图 1-10 和图 1-11 所示。

图 1-10 海德堡 CD102 印刷机的拉规

这样调的最终目的就是要求拉规盖板与纸张表面能够保持有 0.1mm 的间隙，以利于拉规球顺利拉纸。当然，拉规的粗细撑簧也是要随着纸张厚度的变化而分别使用的，以确保拉规球产生足够的拉力。此外，纸张和拉规的距离应在 5 ~ 8mm 之间，使每一张纸都能精确地拉到位。

1.2.3 传纸机构

传纸机构就是负责纸张在印刷机中的准确传递，使各个色组的印版图文都能套印准确。CD 型海德堡机器的传纸滚筒都是三倍径的，该设计非常利于印刷厚板纸，纸张在传递过程中都有导纸风扇提供的气流控制，被称为无接触式传递。关于这方面的操作要求不高，只需注意以下三点。

图 1–11　拉规里面的扇形板

（1）在靠近前规的第一个传纸滚筒牙排上，有两个专门用于调节印刷厚薄纸的旋钮，调节幅度在 1 ~ 10 之间，必须要根据所承印的纸张厚度来进行调整，以此调节叼牙和牙垫之间闭牙时的叼力，减轻叼牙的磨损。

技巧提示

这是操作说明书上的要求，但在实践中并不可行。因为如果每天这样调来调去，容易损坏机器，许多工程师都不建议这样做，一般不管印什么纸，只要求将旋钮固定在 3 即可。我们也就一直将它固定在 3，至今并无不良影响。

（2）每一个传纸滚筒都将纸张传递给压印滚筒，在其上方，都有一套吹风装置，这是为了防止纸张的后半部分由于运行的惯性会向上甩起，而擦脏纸张表面。当印刷薄纸时，吹风量要小一些，或者全部关掉；当印刷厚纸时，要加大风量，直至最大。

（3）对传纸滚筒叼牙叼力的要求没有压印滚筒的高，但同样要注意清洁和润滑。操作者往往遇有故障时，只重视检查压印滚筒叼牙，而忽视传纸滚筒叼牙，应予以纠正。其实，当遇有因叼牙问题引起的套印不准的故障时，很好判断。首先应检查这种故障的规律性：如果发现是一张好一张坏，就是双倍径的压印滚筒叼牙引起的；如果发现是两张好一张坏，那就是三倍径的传纸滚筒引起的；如果没有规律可查，则要多方面地分析查找原因。

1.3　印刷装置

印刷装置主要包括三个印刷滚筒和气动离合压机构。操作该装置的要领就是讲究胶印中传统的“三平”和清洁，讲究滚筒包衬的标准化和理想印刷压力，如果能够持之以恒地做到这几点即可。

1.3.1 印版滚筒背胶的粘贴

过去的印版滚筒包衬大都用纸，在水、墨对印版的不断侵蚀下，衬纸经常是又脏又湿，使得印版滚筒的边缘总是锈迹斑斑，腐蚀严重，滚筒包衬当然就无法平整，成为影响印品质量的一个重要因素。所以，印版粘贴背胶的方法很快赢得大家的普遍认可，尽管其价格在200元/张以上，但仍被迅速推广开来。可是，也有许多操作者不懂得粘贴方法，常把印版背胶粘贴得歪斜、起皱、不平整、脱胶等，造成了不应有的损失。实际上，粘贴印版背胶的关键是要认真仔细，方法得当，只需麻烦一次，就可长期受益（3~6个月），使用效果是非常好的，具体做法如下。

（1）首先要选择好厚度、大小都和本机台相符的印版背胶（海德堡102机的背胶厚度是0.35mm，小森LS40、L440机的背胶厚度是0.20mm）。

（2）要把印版滚筒表面清洗得十分干净，不能有水、油、灰尘等残留物，如图1–12所示。

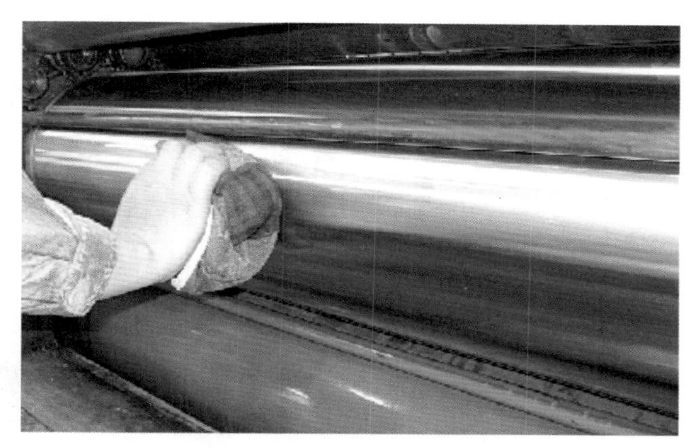

图1–12 印版滚筒表面的清洁

（3）把机器中间的踏板铺好纸张，两个人各站一边，把印版背胶的塑胶封口略撕开一点点，照着印版滚筒的拖梢末端1mm处贴上，注意左右位置居中并平行。

（4）预先加大靠版墨辊对印版滚筒的压力，合上干净的靠版墨辊，反点机器，并顺手撕扯下印版背胶里面的塑封。这个动作必须一气呵成，绝对不能停顿。否则就会有气泡、折痕等问题产生。

（5）点动机器，仔细查看印版背胶的粘贴情况，如有个别小气泡，可用针尖刺破，再用刀片修平。此外，还要把其上、下端的边缘用刀片修平，不能留有硬口。

（6）粘贴后几个色组的印版背胶时，一定要统一贴准位置，以保证各色组在印刷套印时，图文位置都能出齐一致，不缺角断划。

（7）印版背胶的有效使用期限一般为3~6个月，到期应予更换，以始终有效保护印版滚筒不受侵蚀。

1.3.2 印版版夹

印版的版夹看似简单，其实很复杂，下面举例说明如何正确地运用印版版夹来很好地把各色组印版套准。

案例

曾有一台小森四色机的四色版套印一直有这样的问题：无论印刷什么纸张，产品的来去方向（轴向）可以打准，但大小方向（周向）总是不太准，经多次检查印版滚筒或橡皮滚筒的包衬，却都是一致的，面对这个问题，能不能有意改变某一印版滚筒的包衬呢？由于我没有开过小森机器，对带有半自动装版功能的机器也不熟悉，不能立马回答。于是我就带着这个问题，仔细观察了他们装版、校版的全过程，查看了印刷下来的产品，情况也确实如此。简单分析了一下后，我想把最后一组的印版图文拉长一点，以实现套准，就准备拿扳手手工拉版。但他们又告诉我说：这个机器的版夹是靠偏心自动绷紧的，无须拉版，版夹上下的8颗螺丝我们从来都不拉，除非印版有点歪了，才拉一点。我一听，就颇感意外，若真如他所说，这版夹上的8颗螺丝还有什么用呢？于是，我仍旧上去把这8颗螺丝拉紧，然后再重新开印，发现套印情况一下子好了很多，接着，我又利用该机器拖梢版夹分为三段的优势，分别把顶版螺丝稍微顶了一点，图文套印就更加准确了。由此可见，不管多么简单的东西，一定要真正地了解和掌握各个零部件的作用，才能够正确使用。

有台机器需对印版版夹做保养工作，我就顺便拍了一张照片，如图1–13所示。

这是从海德堡速霸CD102四色机拆下的一副快速半自动印版版夹，主要由上、下版夹，偏心轴，调节螺钉等组成，从这副版夹的受损情况来看，主要是脏和锈。由于印版和水辊的接触，润版液也就会经常渗入版夹，使之不断锈蚀，这是造成版夹损坏的主要原因。操作者要注意防范，经常用煤油清洗版夹，并加几滴润滑油为好。这样，一来可以防锈，二则会使版夹保持洁净灵活，如图1–14所示。

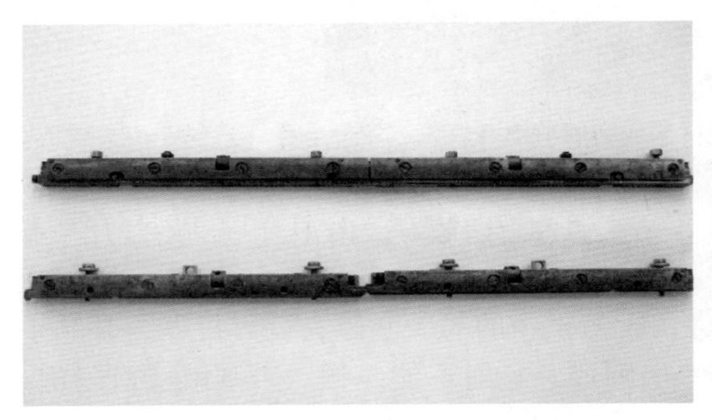

图1–13 海德堡半自动快速版夹

图1–14 对版夹喷除锈剂

印版版夹使用一定年限后，肯定会有一定程度的磨损，使用时会出现夹不紧印版的情况。对此种情况可采取以下步骤进行调节。

（1）松开夹版，用3ϕ的内六角扳手松开拉版螺丝端面上的八只止推螺丝。

（2）用平口起子调紧螺钉，并在版夹上试安装一小块PS版条夹紧，直至能轧出明显的条痕，然后再把止推螺丝用3ϕ的内六角扳手拧紧即可。

（3）如果是夹版盖受敲击变形，或是夹版齿磨损，则应由机修人员维修。

1.3.3 拉版

对于操作者来说，拉版看似非常简单，大家每天都经常重复操作。但拉版要讲究两点方法，一要“全松再拉”，二要“松多拉少”。因为PS版是金属铝基版，四个边角紧紧包裹在滚筒上，要想拉动一个角，就必须松开其他三个角，否则即使用再多的力气，也很难拉动，结果肯定是把版子拉裂、扭曲变形。一般来说，只要操作得当，都能把印版基本校准。如果遇到要求特别高的产品，就需要更加精益求精，需要更丰富的经验和技巧，才能把印版进一步套准。关于拉版方面的技巧大家不妨尝试以下几种方法。

（1）当印品的叼口或拖梢部分的图文，其左右出现套印不准时，可以用版夹的顶版螺丝进行顶版，使图文套准。

（2）印品的叼口或拖梢的部分图文上下套印不准时，可以个别放松或拉紧该图文部分的拉版螺钉，使印版的局部略有回弹收缩或被强力拉伸，使图文套准。

（3）如果上述两种办法的效果不明显时，还可以反向操作与之最紧密相关的其他色组的印版版夹，以达到图文套准的要求。比如，某印品中青、品红版不准，而其中的青版已无法拉动时，就可以反向调节品红版，略微放松点即可。机器或纸张实在太差、太不标准的除外。

（4）万一印版拖梢的局部被拉断，或中途开裂，只要印数不多，可以临时用透明胶带把裂口连着印版夹粘贴起来，五千张之内不用换版。但要注意查看，如感觉不行，可再贴一次。

1.3.4 借印版滚筒

借印版滚筒主要是由于产品的图文位置太高或太低时，就需要用套筒扳手松开紧固螺母，使印版滚筒筒体和齿轮脱开，通过旋转印版滚筒筒体，观察刻度盘来借高或借低，然后再锁紧螺母即可。海德堡机器的印版滚筒可以自由借一圈，即360° 范围都可任意调节。

尽管所有的机器都可以借印版滚筒，但这是对印前制版叼口距离设计不当的一种补救措施。我们每借一次印版滚筒，需至少浪费20分钟，如果每天都频繁地这样操作，就有可能锁不紧印版滚筒，影响套印精度。长此以往，会影响机器的安全和效率，特别是对带有自动、半自动装版先进功能的机器来讲，影响就更严重。因此，此类问题必须在印前制版阶段主动地改正，不能总是交由机台操作人员被动地调整解决。

1.3.5 周、轴向拉版机构

印版安装结束后，接下来就要把印版校准。不管是自动装版，还是手工装版的机器，一般情况下，只要通过电脑遥控各机组的打版电机，就可以把印版校准。如遇到印版歪斜，还可以通过斜拉版电机拉动印版滚筒偏心套，进行微量调整。周、轴向拉版机构的调节范围是 ±2mm，斜拉版机构的调节范围一般是 ±0.15 mm，这么大的调节范围，给我们的产品套印工作带来了极大的方便。这项工作从表面看似轻松、潇洒，但其中一些细节问题应引起高度重视。

（1）拉版电机只在机器转动时才能工作。工作过程中，千万不能急停机器，以免拉版电机因经常急停而使内部零件受损。

（2）海德堡机器的借滚筒螺母旁有个黄色油嘴（图 1–15），容易让人忽视。这个油嘴位置比较隐蔽，经常不加油，使拉版电机严重缺油，里面的调节丝杆齿轮、推力座、推力轴承等活动受阻。我们就曾经发现印版滚筒有过轻微的轴向窜动，后经向该油嘴注油后，该故障立即消失。所幸这次缺油没有造成更大的故障，经过加油后能及时恢复。

图 1–15　印版滚筒上的黄色油嘴

（3）关于斜拉版机构对角线调节的应用，的确对印版的套印准确大有帮助，但操作者绝不能完全依赖于此。因为斜拉版机构调节的是印版滚筒轴承的偏心套，使其一端实现微量的上下拉动。当套印略有不准时，通过该机构是可以把产品的中间十字线套准，但产品的四周角线仍然不会准。对于要求较高的产品，仍然要手工拉版，把印版图文套准。

1.3.6　橡皮滚筒

橡皮滚筒就是在滚筒外圆表面上，包衬一层较厚的、富有弹性的橡皮布，用以转印从印版上获得的图文印迹。橡皮布滚筒的作用：

（1）转移油墨；

（2）弥补机器的综合误差；

（3）缓冲吸振。

由于正常运转期间，滚筒表面受很多力的作用，而且力的大小是不断变化的，也就是说橡皮滚筒始终处于复杂的振动状态，即橡皮滚筒表面每一接触的地方，包衬的压力不能始终如一，这样把机器振动和机器的加工及安装误差造成的压力变化变成橡皮布的弹性能。接触时，产生弹性能；脱离接触时，弹性能就释放；再一次接触时，又产生新的弹性能，脱离接触时又一次释放。这个过程反复不断地进行，把机器的冲击和振动所造成的危害控制到最小。所以，橡皮布滚筒除了转移油墨之外，还有弥补机器的综合误差和缓冲吸振的作用。

现在的多色机一般都采用中性或硬性包衬，在操作中要注意这么几个方面。

（1）橡皮布的安装要规范。首先，橡皮布夹版要嵌进卡簧和保险栓中；其次，要用专用的安装橡皮布插棍插入夹版的两个圆孔中检查，看橡皮布夹版有没有跟着蜗轮蜗杆的转动而卷紧，如图 1–16 所示。有的操作者粗心大意，没有把橡皮布夹板完全安装到位，或者一边到位，一边不到位，待使用一段时间后，因为橡皮布不断蠕变而拉长，夹板突然脱落，触动了机器的保险杠导致紧急停机。万一保险杠失灵，肯定会直接轧坏滚筒，后果不堪设想。

图 1-16　橡皮布夹版的检查

（2）橡皮布包衬厚度的测量要正确、一致，是计算印刷压力大小的关键。由于橡皮布被绷紧后，橡胶层减薄，厚度会降低。我们在计算橡皮滚筒的总包衬量时，一定要把这个因素考虑进去。根据经验，一般新气垫橡皮布经过安装绷紧后的厚度会降低 5 丝（0.5mm)。如果采用一张厚度为 195 丝（19.5mm) 的橡皮布，则只能按 190 丝（19mm) 来计算包衬量。压缩量计算上的小量误差会导致印刷压力的较大改变，不当的印刷压力会严重地影响到油墨的正确转移。

（3）橡皮滚筒包衬纸的密度要符合要求，可以选专用包衬纸、铜版纸，却不能选白板纸、胶版纸。因为后两种纸的纸质比较松软，产生的印刷压力不足，影响产品质量。曾经有一位机长，贪图方便，随手用两张白板纸垫在橡皮布里，印完一单较为简单的产品后下班了，接班的机长在印刷一个样本时，发现图案不够实在，就加大压力，还是没用。只得再检查墨辊、印版、橡皮布等，当把橡皮布拆卸后，才明白是怎么回事。经这么一折腾，白白浪费了好几个小时。

（4）注意橡皮滚筒的清洁防锈工作。橡皮布的两边缘经常受到版滚筒传递和清洗时带来的水分侵蚀，使里面的包衬纸张吸水腐烂，滚筒生锈。有的机台换橡皮布时，经常发现包衬纸烂在滚筒上，操作工只好吃力地用墨刀把纸铲下来。这样做，既费时费力，又破坏滚筒的精度。建议大家每次更换包衬纸时，随手在滚筒两边抹一点机油即可。

（5）新、旧橡皮布安装时，都不能拼命地绷得太紧。否则，会破坏橡皮布的弹性和使用寿命，把一个弹性体滚筒变成刚性体，使橡皮滚筒起不到应有的吸振作用，容易产生墨杠，不利于保持产品质量。在此建议有条件的企业，为机台购一把扭力扳手，杜绝橡皮布被人为绷得过紧造成的故障。

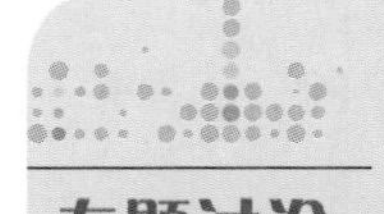

专题讨论

关于如何确定橡皮布包衬纸的尺寸

记得很久以前，我曾看过一本书，里面就有关于橡皮布包衬纸尺寸大小的介绍，建议操作者不管印什么尺寸的产品，都应把橡皮布的包衬纸裁大，把橡皮滚筒包满，以防止机器在合压过程中突然卸压产生周期性的跳动，给印品带来条杠。

当时我非常赞同这种观点，并按照这样的要求去做，但也发现其中的一些弊端：

①橡皮布的两边和拖梢易堆纸毛、纸粉；

②橡皮布上没有图文的区域，总会有残余油墨，并且会传递到压印滚筒上，形成污垢，难以清洗；

③容易有飞墨点，影响产品质量；

④当橡皮布被轧时，由于包衬纸太大，就增大了被轧坏报废的可能性。

为了消除以上的弊端，我们就根据印刷的实际情况做了修改。凡是产品数量在十万份以上的，就要根据其白纸的尺寸重新裁切橡皮布的包衬纸。和承印的白纸相比，包衬纸尺寸宜小不宜大，只要定位准确，能够把产品的四周规格线印出来就行。

尽管这项工作开头比较麻烦，需花费半小时左右，但磨刀不误砍柴工，一旦印刷起来，就可以收获许多实实在在的好处：

①减少橡皮布周边被坏纸轧坏的风险性；

②减少若干次清洗橡皮布和压印滚筒；

③橡皮布周边没有残余油墨，就不可能有飞墨现象，也不可能黏附因刀架裁切带来的纸毛、纸屑，产品质量更有保障；

④保持机器更加清洁，提高整体工作效率。

其实，从理论方面来讲，现代胶印机的印版滚筒和橡皮滚筒合压时都采用走肩铁的方式，完全可以消除或减轻橡皮布包衬纸未包满引起的滚筒振动和不平衡，不会因此给产品质量带来不良影响。

1.3.7 压印滚筒

从印刷工艺来讲，保持压印滚筒的清洁是十分重要的。根据每一台机器的日保养要求，每天下班前，都必须对压印滚筒清洗一遍。但由于印刷行业竞争性强，利润微薄，普遍地实行两班制，让操作工确实感到很辛苦，再加之生产任务比较繁重、管理松懈等原因，以至于大家既没时间也没有精力坚持每天做这项工作，常常隔两天清洗一次。但还有的人，纯粹是偷懒耍滑，怕脏怕苦，经常不清洗压印滚筒，以至于压印滚筒上的污垢堆积得老厚，一旦到了迫不得已的时候，就胡乱地找来墨刀、刀片等工具，对着压印滚筒一顿乱铲。岂不知照这样铲下去，会把其表面的镀铬层破坏，留下许多伤痕。如果我们的机长都习惯于这样严重不负责任地工作，肯定会对机器设备、产品质量、企业财产造成多层危害，真的是罪莫大焉！

此外，我也感觉到一些人有这么一个错误的做法：即只要在印刷范围之内的滚筒就清洗干净，周边印不到的部分就不碍事，不用清洗，以至于压印滚筒的拖梢部分污垢堆得很脏很厚。乍一看，这好像有道理，殊不知这同样有很大的危害。有一次，我们在印刷一满版实地产品时，发现中间始终有一道墨杠，由于该产品没有用水辊，只需要检查墨辊的故障，可查了半天也没有发现任何问题，再查橡皮布及其包衬也很好。当时我很纳闷，想来想去就只有查压印滚筒。当我掀起脚踏板一看时，心里顿时明白了八九分，赶紧将压印滚筒上厚厚的一层污垢清洗干净，再重新印刷时，故障立即排除了。从此以后，我们都要求大家始终要对压印滚筒全面保持清洁，以减少不必要的麻烦。

在压印滚筒上，还有个部件需要操作者高度重视，即叼牙。可以讲，叼牙的状况如何，就决定着产品质量的状况如何。怎样保证纸张的准确传递，保证产品的准确套印，关键是要靠操作者正确地使用和保养好叼牙。一般来说，操作者不应该经常去调节叼牙和牙垫，只要做好清洁和加油工作就行。可有些操作者总自以为是，一旦遇到这方面的问题，就喜欢拿个扳手对叼牙调来调去，结果却是越忙越乱。我时常想不明白，为什么有的机台的开牙球总是坏？为什么有的机台的叼牙不叼纸？归根结底，主要就在于对叼牙不会正确地使用和保养。我想，应该注意以下几方面。

（1）叼牙千万不能缺油。叼牙片，叼牙牙轴套、轴座，开牙球等一旦缺油，各种稀奇古怪的问题就会层出不穷。诸如叼牙的叼纸力不足、纸张的交接时间不对、纸张粘在橡皮布上剥皮、产品套印不准、叼牙和牙轴的锈蚀和磨损等，都是缺油后引起的不良连锁反应。

（2）遇到缺油的死牙时，千万不要硬敲硬撬。应先对死牙采取加油、除锈的办法，然后再用一撬棍小心地来回多活动牙板（用力要小，撬动的幅度也要小，防止把牙板撬弯变形），使叼牙能依靠自身牙座上的弹簧力量自由压紧牙垫为止。曾有一些机长对死牙采用铁榔头等来回敲打，结果却把叼牙撑簧下面的铸铁底座敲断，把牙片敲得变形，造成了更大的麻烦。我们机台就曾发生过类似的人为事故，有个叼牙撑簧的铸铁底座被敲断，直接损失了7000元。对于这种埋头死干、不讲方法的操作方法，应予杜绝。

（3）叼牙和牙垫一定要保持清洁，不能有积垢。机器用了一定的时间后，叼牙和牙垫的表面都会有一层较厚的纸粉，会给纸张的交接带来不好的影响，必须要经常加以清洗。特别是最后一个色组的滚筒叼牙，由于靠近喷粉部位，受其污染最严重。叼牙的所有缝隙都被喷粉填满，和叼牙渗出的油脂结合在一起，牢牢地黏附在叼牙的缝隙当中，严重地影响了叼牙对纸张的准确交接，使产品套印不准。对此，我是深有体会，也在操作中经常注意这方面的清洁。

（4）叼牙的开牙时间一般无须调节，各个机器的服务商也都不允许操作者随便调节，目的是防止一些操作者似懂非懂地把叼牙调来调去，使其开闭牙的动作完全不一致，结果使得套印不准的问题越来越严重。因此，要慎重对待叼牙的调节，必须在确有必要、确已肯定故障原因的情况下，才可以调节。比如：当产品的某一边、某一角有重影，而确系叼牙的原因造成时，机长也可以经反复查看分析后，对查证属实的个别叼牙进行调节。具体的操作步骤是：先点动机器，使牙排上的叼牙刚好微微张开，此时最易查看各个叼牙的张开幅度，然后再根据情况，调节叼牙片中间部位上的小内六角螺钉，直至其开牙的幅度和整体叼牙的开牙幅度基本一致即可。笔者就曾经成功地调过两次，有效地解决了困扰多时的套印不准问题。

技巧提示

海德堡机器压印滚筒叼纸牙的叼力是由其下面的弹簧力及加工精度决定的，调节叼牙上的调节螺丝，并不能增加或减小叼纸牙的叼力，只能改变该叼纸牙的交接时间。

1.4 输墨装置

输墨装置由供墨、匀墨、着墨三部分组成，如图 1–17 所示。

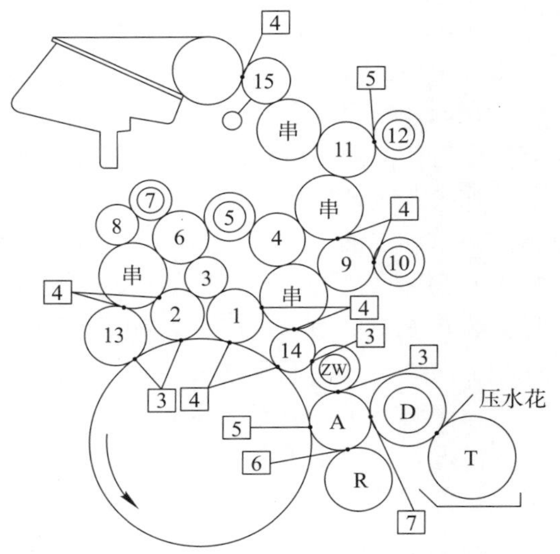

图 1–17　SM/CD 102 海德堡印刷机水墨辊系统调整图

输墨装置是保证印版上的图文部分连续不断地获得均匀墨层的重要装置，是机台产品质量的重要保障。自从笔者干印刷工作这么多年来，每次遇到印品墨色方面的问题，就要检查墨路和水路状况，但这套装置比较复杂，短时期内难以掌握，却是机长们对机器调节最多的地方。因此，就要求每位机长必须具有一定的理论知识和丰富的实践经验，才能正确地调节和使用。我们不论在什么时候，都不能马马虎虎，必须认认真真地把这项工作做精、做细、做实，才能有效地避免许多不该发生的故障，全面控制好水墨平衡；才能更好地提高工作效率，提高产品质量。

关于输墨装置，可以分为墨斗、墨辊两大部分来分别介绍。

1.4.1 墨斗

墨斗有两个作用：一是储存油墨；二是控制墨斗辊的出墨量。海德堡机器的墨斗都有 CPC 自动遥控装置，将墨斗分成 32 个墨区，每个墨区之间的宽度为 32.5mm，再分别通过 32 个墨斗电机来调节偏心轴的转动，使墨斗辊上的墨层厚度产生变化，从而实现对各个墨区出墨量大小的精确控制。墨斗中的一些小零件都非常娇嫩，价格非常贵，且国产配件也无法替代，操作中要格外小心才行。主要应注意下面四个问题。

（1）墨斗上的海绵条、小胶片、尼龙片等都必须始终完好无损，防止油墨渗漏，使下面的调墨偏心轴、小丝杆、小墨斗电机被弄脏，黏结成硬墨块，阻碍驱动机构的转动，使墨量调节不灵敏，甚至使墨斗电机因为过大的负荷而烧坏，如图 1–18 所示。这种进口小电机的售价是 1200 元 / 只左右，如果因此而花费许多冤枉钱，领机确实应该承担主要责任。记得十多年前，由于我们公司管理不到位，操作者经验不足，再加之当时国产的墨斗尼龙片的制造质量还很差，既不耐磨，又不抗拉，一般使用一两个班就得频繁更换。以上三个方面原因叠加在一起，就会经常出现由于墨斗尼龙片的损坏而漏墨的情况，把墨斗下面的电机处糊得一塌糊涂。迫使我们每隔一段时间就得拆开墨斗护板，将墨斗电机处的各个部件逐一用汽油慢慢地将其清洗干净，再重新安装上。但即使这样小心，仍时常发生墨斗出墨量不够正常，甚至有一些墨斗小电机就此损坏，需花钱更换。这真正是件费力不讨好的窝囊事，也常让人心疼不已。后来，我们更换了尼龙片的供应商，再把传统使用的钢板墨刀改成塑料墨刀，以防锋利的钢墨刀将尼龙片划破。自此以后，这种情况才有了根本好转。如今的墨斗尼龙片质量都大有提高，只要正确地安装使用，经常保持清洁，可以保证一星期之内不用更换。如果中途发现墨斗尼龙片因下墨部位长期磨损而使出墨量有所下降的话，可以用 13 ф 的扳手把墨斗尼龙片再向后绷紧一点点即可，这样还能延长它的使用寿命，以尽量降低成本。

图 1-18 更换墨斗电机

案例：调墨偏心轴

调墨偏心轴（图 1-19）是控制墨斗出墨量的关键部件，长期使用时，会有一定的磨损，但如果在拆洗和安装均不掌握方法的情况下，则会使其遭受更大的磨损。我们公司就有一台老式的 HD102V 海德堡四色胶印机，由于油墨渗漏原因，而对墨斗进行拆洗和保养，可惜方法不当，墨斗的出墨量始终不足，而且是越搞越不行。后来又请了一些外来土专家，更换了许多配件，才稍微解决了一些问题，但不够彻底，已无法恢复到之前的状态。在此后的工作中，我们吸取了这方面的教训，坚持正确操作，坚决杜绝油墨对墨斗的渗漏，杜绝对墨斗乱拆乱装。如今的三台海德堡速霸四色机的墨斗状况都非常好，即使运转了十多年，也没见任何异常。

图 1-19 偏心轴

（2）墨斗两侧的三角挡板架在墨斗辊上时，要安装紧密；下面的软垫片坏了要及时更换；三角挡板的角尖很脆，清洗时不能摔、砸，一旦某个角尖断了，就会渗漏油墨，就会对下面墨辊和轴承造成极大的污染和危害。在我看来，三角挡板的正常使用寿命应有 10

年，但由于使用不当，或是一些操作者粗心大意，思想上不够爱护设备等原因，经常会损坏一些不起眼的小零件，给企业造成许多不应有的损失。据我所知，海德堡公司的墨斗三角架就价值 500 ~ 800 元 / 副。因此，真心希望这一部分操作者要坚决改正各种不良习惯才好。

（3）要经常分析一般产品的油墨用量情况，基本能够预先估算出所承印产品的各个色组需要的墨量，再往墨斗里添加油墨。既不要把油墨加得太多，无故地让油墨铺展在墨斗中，不断地挥发、结皮，连续用了好几个班也用不完；也不能把油墨加得太少，印了 5000 张左右就脱墨了。其实，能掌握油墨用量的好处有很多：合理分配好印刷过程中各阶段的工作量，节省体力；保持油墨原有的印刷适性，防止油墨中的有效成分被过度挥发、氧化、结皮；墨斗中保持适当的墨量，可以使其输出墨量基本保持不变；遇有工艺方面故障时，可以方便地对油墨进行各种调整等。因此，机器上的每个操作人员都应该做到心中有数，准确地添加油墨量才行。

（4）关于墨斗辊转角幅度调节问题的探讨。在实际工作中可能存在着这样的误区：有许多机长在调整墨量时，只想着对单个墨区的墨量左右调节，即使印品墨量不够时，也想不到去加大墨斗辊转角。其实，由于油墨的黏度特性，即使该印品的耗墨量较小，也不要将墨斗辊转角调得过小。调节墨斗下墨量的原则是：适当减薄墨斗辊墨层的厚度，同时适当提高墨斗辊转角幅度。这样做，有利于保持油墨的流动性，有利于油墨在传递过程中被胶辊迅速打匀。在印刷过程中，当对单个墨区墨量调整时，其墨斗辊的转角越大，反应速度就越快。因此，墨斗辊的转角应稍大些为好。

1.4.2 墨辊

在输墨装置中，墨辊都是由软质墨辊和硬质墨辊交替排列的，起着匀墨和传墨的重要作用。墨辊本身的品质、调节是否正确，对印品质量的影响非常重要。这对所有的机长提出了极高的要求，既要有一定的理论知识，又要有十分丰富的实战经验，是平常工作中最需要认真调节、细心揣摩的部分。对于墨辊部分的操作，不能仅仅局限于打几根墨杠而已，需要做更多、更深、更细致的功课，才能更深入地掌握好墨辊使用技能，印出更好的产品质量。

（1）使用墨辊的注意事项

当我们拿起墨辊，准备安装使用时，一定要先做好下列各项工作：

① 检查胶辊的直径是否符合要求。由于磨损的原因，机器上的胶辊使用一段时间后，会呈橄榄形，两头直径会越来越小。凡低于标准直径 2mm 的一律应予更换。

② 检查胶辊两端轴头是否锈蚀、磨损，以及轴承的配合是否紧密。如果继续使用这样的胶辊，其同心度就无法保持在同一轴线上，各个胶辊间的压力也无法保持一致，自然会出现各种各样的故障。在实际工作中，偶有墨辊轴头和轴承的配合有轻微的松动，也可不必做堆焊加工，只要用滚刀在轴头上做一道滚花，就可以照常安装使用。

③ 检查胶辊两端轴承是否完好。如果发现轴承转动不灵活、外圈有晃动等，要不惜代价，坚决更换。对于有质量问题的轴承，一定不能凑合着使用，若由此造成一些零部件的损坏，就得不偿失。但是，我也不提倡那种不查不看，就卸掉所有旧轴承，全部更换新轴承的做法。

④ 检查图 1–17 中的 3 号硬质墨辊和中间辊两端的油嘴是否已加满润滑油脂。每次对机器进行周保养时，应轮流对中间辊加油一次。有些领机对这方面的工作不太知晓、不够重

视，或者不够细致入微，以至于这两根墨辊才用了两年就坏了。我曾在南京某印刷厂看到一台较新的海德堡机器，四个色组的中间辊只剩两根，当我询问时，都说这个东西质量不好，也不好使用。看到这类情况，我常常感到可惜。

⑤ 检查胶辊的橡胶表面是否有凹陷、压痕、麻点等，如稍有缺陷，可做匀墨辊使用，但靠版墨辊一定要选最好的。实在不行，应予更换。

⑥ 胶辊的硬度是否符合要求。这项工作不一定由领机来做，而应由设备部门负责，但领机也应该会做，并能明白这样做的道理。不同的机器，对胶辊的硬度要求也不一样。海德堡机器的墨辊硬度一般为 30 ~ 35，靠版水辊为 25。胶辊的硬度越高，传递性能越差；反之，则越好。靠版墨辊的硬度高，对印品网点清晰有利，但会降低印版的耐印力；反之，则对印品网点清晰不利，容易产生糊版现象。胶辊在使用过程中，由于每天不断与油墨、润版液以及各种溶剂接触，加之清洗时不可能完全干净、橡胶自身不断老化等原因，墨辊硬度会逐渐增大。一般来说，新胶辊在使用一个月后，硬度会增加 2 左右，应该可以看成是正常状态。既然胶辊的硬化是不可避免的，肯定会渐渐地影响水墨的传递性能，那么我们在实际操作中，就必须要经常随着墨辊或水辊的硬化程度来调整其适当的压力，就能始终维持其应有的水墨转移特性。但是，当胶辊间的压力过大时，就意味着超额的压力与温度，就会加速胶辊的硬化和磨损，人为地缩短了水墨胶辊的使用寿命。要知道，海德堡新胶辊的平均价格是每根 2000 多元，假如是由于不负责任地操作而造成水墨辊的不正常损坏，不但会给公司带来直接的经济损失，还会给产品质量带来诸多不利影响。因此我们在使用和调节水墨辊时，如发现墨辊使用太久，橡胶层变硬无弹性，就应予以更换。

⑦ 用手指触摸胶辊的表面，应比较细腻，并有一些黏滞感。如有比较光滑的感觉，则说明其传墨性能差，胶辊表面易结晶釉化。以前，我们为了节约成本，常把旧胶辊送到一些小橡胶厂加工，经过一段时期的使用，总觉得墨路不畅，下墨量不够稳定，印品的墨色当然就难以控制。当时，由于我们是第一次遇到这种情况，没有处理这方面问题的经验，想来想去也找不出真正的原因所在，使产品质量受到了严重影响。经过一段时期的分析和研究，终于查出了病因。原来，经过加工后的胶辊，手感过于光滑，均匀细密的毛细孔几乎没有，根本就不能稳定地吸收和传递油墨。于是寻找有资质、讲信誉的胶辊加工厂合作，使胶辊质量得到了保证，油墨传递恢复正常。

⑧ 把所有待安装的胶辊的轴承、轴承套、轴承座、调节偏心压力的蜗轮蜗杆以及墙板支架等，都要事先涂抹一些润滑油脂。这样做的好处非常多：防止生锈、减少磨损、减小振动、降低噪声等。我们要知道：胶辊在高速运转的同时，还要受到串墨辊轴向力的来回拉动，零部件的制造质量再好，也难免不出问题。我经常看到有些机台的轴承不断更换、轴承套被磨掉半边（图 1–20），以及造成两端墙板的支架到处伤痕累累，甚至出现因轴承破碎后，其脱落的钢珠

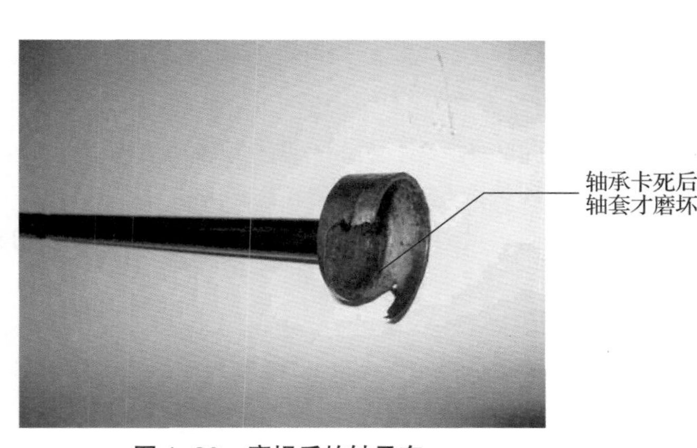

图 1–20　磨损后的轴承套

轧伤压印滚筒等重大设备事故，使企业蒙受重大经济损失。不可否认，这些问题在我们的工作中确实不能完全避免，但如果总是经常出现这种现象，以至于让操作人员都感到是件很正常的事，那就太不负责任，太危险了。对此，我们所有的操作人员对于反复出现的各种问题都要深入分析——这是为什么？这里边尽管有客观因素，但更多的是操作者，特别是机长的思想素质、技术水平的因素居多。主要就是预先检查、润滑、安装等工作没有做细、做实，以及在机器运转的过程中，没有认真负责地采用看、听、摸的方法和没有做好各项巡回检查工作造成的。

（2）墨辊的拆卸和安装

当我们做好安装墨辊的所有准备工作后，就要按照图 1–17 所标注的顺序号来分别进行安装调节，并把所有的锁紧螺母都记得一一锁紧。有许多刚上任的机长，由于没有经验，缺乏自信心，在做这项工作时经常显得非常忙乱，不是找不到工具，就是拿错了墨辊，要不就是拆卸不动，或是装不进去，一个色组搞了大半天，结果不仅累得要死，还埋下了一大堆隐患。我曾不止一次发现有的机长在这方面的工作做得实在太粗糙，经常引发一些事故。比较典型的有：墨辊间的压力太大，挤坏了胶辊或轴承；轴承座太脏拔不出墨辊时，就用榔头敲击；靠版墨辊装好后没有锁紧螺母，第 4 根墨辊竟滚落下来等。诚然，每位机长的技术程度有高有低，干活有快有慢，特别是遇到新情况、新问题时，谁都要花费一些时间来解决，但是不管怎样，我们的操作方法一定要规范，机器设备的安全一定要有保证，千万不能越忙越乱，忙中出错。在我看来，墨辊的拆卸和安装并不难，也不需要太大的蛮力，难的是如何掌握操作中的技巧，以做到事半功倍。这里，我个人总结了以下几点。

① 在平常的工作当中，每个班、每位操作者都要规范化操作，事先商量、设定好各方面的规矩。当我们需要拆卸墨辊，调松螺钉时，就按规定将每一颗螺钉放松几圈，等到我们安装这些墨辊时，直接再反向加紧几圈，略微做些调整即可。否则，就会给自己、给他人带来不方便，增加许多不必要的工作量。

② 拆卸下来的墨辊要依顺序摆放好，进行完常规保养后，再反顺序安装上，使工作更加井井有条，可以尽量避免不必要的差错和返工。

③ 无论是拆卸或安装墨辊，只需用几样必备工具就行，如果是因为太脏拆不了，或位置不够装不进去，就必须耐心地反复清洗，加强保养，查找原因，对症下药。在工作过程中，广泛学习各位师傅、同事的工作技巧。我们坚决反对采用硬性工具不负责任地硬敲硬撬。有许多机长在干这项工作时，几乎要把十八般武艺全用上，结果机器上的轴头被敲扁，螺纹被打烂等。

④ 拆卸或安装靠版墨辊时，特别需要小心操作。因为在其操作面的墨辊座上，里面还有根由上下两个钢珠锁定长杆的内芯轴套，如图 1–21 所示，可让靠版墨辊做些有限的串动，以消除轨影现象。这两个钢珠容易脱落，是为防止靠版墨辊掉出而设计的，无论拆卸和安装都要检查一遍。此外，四个靠版墨辊座和四个内芯轴套的偏心位置是配套使用的，顺序不能搞乱。

⑤ 墨辊压力调节方面的一些技巧如下。

a. 墨辊轴承与轴承座的配合要好，如果由于磨损存在过大的间隙，那就不可能调准压力。

b. 调节墨辊压力的方式一般有两种：夹纸条拉力测试法和压墨杠宽度测试法，前者适宜

图 1–21　靠版墨辊座内芯轴杆

对压力进行粗调，靠的是经验；后者适宜对压力进行精调，靠的是数据。我们应采用压墨杠的方法进行精确调节。

c. 调节压力前，应将印版滚筒的斜拉版位置归零，因为印版滚筒偏心套的转动，会对墨杠的宽度产生影响。

d. 压墨杠时，墨辊上的油墨不能太多，要不压痕宽度就不容易分清。

e. 墨杠宽度必须严格按照机器的操作说明书要求去做，不得随意改变，否则，会给印刷带来若干故障。

f. 每次检查完墨杠后，需等待 10 秒钟以上再点动机器复查墨杠宽度；着墨辊靠上印版后，胶辊会有细微的弹跳，也需等待 10 秒钟左右再查看墨杠宽度。

g. 如果调试技术比较熟练，每点动机器一次，可以同时检查多个印刷色组的墨杠压痕宽度，极大地提高工作效率。

h. 无论操作哪一种机型，在调节墨辊压力时，当调节螺杆每旋转一圈，胶辊压痕宽度的变化有多大？对于这方面的经验问题，可能有很多人并不善于分析和总结。在日常工作中，经常发现某些胶辊的压痕变化太大，需要重新调整。有的操作者缺乏经验，只能对墨辊座的偏心装置反复调来调去，调一次 、二次、三次……才能慢慢调好。而有的操作者则不同，只需一次，就能调节到位。比如：已知某机器的调节螺杆每旋转一圈，靠版胶辊的压痕增减 2mm，如果发现其中的胶辊压痕宽度还差 1mm 时，就可以直接把调节螺杆顺时针加半圈，即可轻松完成。因此，我们要经常练习这些技巧，才能事半功倍，把工作做得更好。

1.4.3　墨辊的作用和调节要点

海德堡 CD102 印刷机的墨路系统共有 19 根墨辊，如按各个墨辊的功能来划分，可以分为传墨辊、匀墨辊、靠版墨辊。

（1）传墨辊

传墨辊也称吃墨辊，是实现油墨从墨斗辊向后面墨辊依次传递的中介。一根传墨辊看似很简单，只要能往返摆动，把油墨传递下去就行。如果真有人这么想的话，可就错了，殊不知其中的操作要点仍有不少。

① 安装传墨辊时，要对两侧的轴承座先行加油润滑，要把操作侧的一个压块可靠地锁

定在轴承上，既不能压得太轻，也不能压得太重。如果太轻，轴承在轴座中晃动大，与墨斗辊或串墨辊接触时，不能产生足够的压力，其传墨功能必然大打折扣；如果太重，又可能会压破轴承的外壳，使其损毁。

② 调节传墨辊和墨斗辊的压力时，要先点动机器，使传墨辊靠上墨斗辊的运动幅度达到最大限度，这是正确调节的先决条件。然后再松开螺母，旋转调节螺钉，使其墨杠宽度达到3mm，再把螺母锁紧即可；接着再依此方法来调节传墨辊和串墨辊之间的压力，如图 1–22 所示。

图 1–22　传墨辊的压力调节

③ 传墨辊两端要注意保持清洁。在日常工作中，墨斗辊的两端一般也经常会有一些滴墨、漏墨现象，使油墨糊在传墨辊两侧的各个间隙处，日积月累下来，这些油墨就结成硬块，阻碍传墨辊的来回摆动，无法和墨斗辊完全靠实，肯定会影响油墨的正确传递。据我观察，这种情况在各个机台还比较普遍，需要多加清洁保养，千万不要错误地用增加两墨辊之间压力的方法来改变传墨辊的传墨效果。否则，会使轴承、轴承座上的空心销等许多零部件加速磨损或损坏，给维修带来很多的麻烦。

（2）匀墨辊

匀墨辊是指墨路系统中间部分的所有墨辊，包括串墨辊、橡胶辊、硬质尼龙辊。这部分墨辊的特点是直径不同、软硬交替，通过相互间的接触压力和串墨辊的来回串动摩擦力，对油墨频繁地进行分离和转移，最终使墨层非常均匀地分布在胶辊上面。在操作中，这部分墨辊无须做太多的调节，只要把它们之间的压力调好，就可以实现油墨的正常传递。但有两点需要特别提醒。

① 图 1–17 中的第 9 号墨辊的压力调节很讲究先后顺序：要优先调节其和串墨辊 B 的压力，再调节其和第 10 号硬墨辊的压力，等这两个压力关系调好了，它和串墨辊 C 的压力即自动完成调节。

② 在输墨装置中，串墨辊的最大作用是消除供墨临界现象和匀墨。当其往返串动时，就可以使每两个墨斗键之间的供墨空白区域被消除，就可以不断地对胶辊上的油墨进行剪切和传递，充分地把油墨打匀。在海德堡 CD 速霸机中，当机器空转时，串墨辊应该设置为不串动，当机器合压印刷时，串墨辊则会自动串动。这是为了让机器在中途停顿时，墨辊各段区域储存的现有墨量保持不变，进而使得印品的墨色保持不变；当印品有明显的前后墨色不均匀时，可以在 0 ~ 720mm 的范围内，重新改变串墨辊相对于印版来回往返串动的起始时间，求得最佳印刷效果。以上两种调节都可以通过 CP2000 电脑操作系统来轻松实现，如图 1–23 所示。

对于没有上述功能或上述自动调节功能失灵的海德堡机器，其手动操作的方法是：先点动机器，使串墨机构的活节螺栓下落至低点，用 19 套筒扳手松开其锁紧螺母，微微点动机器，通过把这个活节螺栓移动到所需要的刻度值上，随后再拧紧、锁紧螺母即可，如图 1–24 所示。

此外，根据产品的需要，也可以对串墨辊的串墨行程进行调节。如果把这个活节螺栓推到圆盘的中心，则其串墨行程为零；如果把这个活节螺栓推到圆盘的最边缘，则其串墨行程为最大量 35mm。

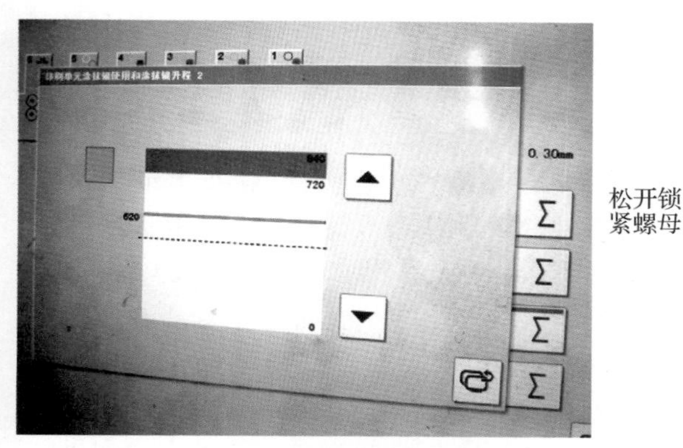

图 1-23　自动调节串墨辊的串动时间

图 1-24　手动调节串墨辊的串动时间

（3）着墨辊

我们一般把着墨辊都称为靠版墨辊。胶印机的靠版墨辊一般为四根，是向印版图文直接供墨的胶辊。在所有胶印机的墨辊中，印品的质量很大程度上受到靠版墨辊调节质量的影响。我们操作者要想把靠版墨辊调节使用好，必须了解掌握其中几个关键要点。

① 从海德堡机器墨路传递的线路可以看出，前两根主要起供墨作用，后两根主要起收墨作用，其供墨比例分别为 44%、44%、9%、3%。

② 在调整靠版墨辊的压力前，应该先把各印版滚筒的斜拉版位置全部归零。因为，斜拉版机构拉动的是印版滚筒的偏心套，当它为了套印准确而调整过大时，就使得印版滚筒和墨辊不能保持平行关系，靠版墨辊、水辊对印版的压力就可能产生较大改变，就会对印品质量带来不利影响。

③ 靠版墨辊的压力关系调节。在调节靠版墨辊的压力时，一定要优先调节其与串墨辊的压力，然后再调节其与印版的压力，且前者之间的压力要略大于后者之间的压力 1mm。这样做有两个目的：一是为了保证靠版墨辊能从串墨辊上充分地得到油墨供应；二是因为在印刷过程中，靠版墨辊同时受到串墨辊和印版滚筒的驱动，都在一起同速运转，当经过印版滚筒的缺口时，靠版墨辊会瞬间失去来自印版滚筒的驱动力而产生速差，形成对印品质量非常有害的摩擦而产生墨杠。所以说，靠版墨辊对串墨辊的压力应该加大一点比较好。

④ 靠版墨辊压力的灵活调节。在任何机器的操作说明书中，其介绍的内容，一般都是机器处于标准状态下的操作。而对于使用中的机器，则要视具体情况来灵活调节。就靠版墨辊来讲，旧的墨辊、硬的墨辊、两端受到磨损的橄榄形墨辊等，其压力就必须要加大点；否则，油墨的传递和印版的墨量供应就无法得到保证。

⑤ 靠版墨辊的串动调节。在海德堡机器中，当印品出现轨影故障时，可以松开操作面靠版墨辊轴承座的锁紧螺母，让其在串墨辊的驱动下，在印版上一起来回串动，以减轻或消除对印版供墨时出现的轨影。这样的操作方法已经在实践中被证明是正确而有效的。但是，由于靠版墨辊在印版上的来回串动，也一定会产生一些负面的影响，随之而来的就是轻重不一的墨杠、油腻等故障。为此，我们常用的最佳办法是：不轻易地让靠版墨辊全部松开在印版上面串动，而只能松开第二、三根靠版墨辊轴承套，且串动的幅度也不必太大，只要达到效果就行。这样，就基本能够做到既解决了轨影，又不再产生新的油腻。注意：一旦该印品完成，不再需要此项功能时，就要立即还原，以尽量保护轴承、轴套免受不必要的撞击。

1.5 输水装置

曾经听一些老胶印师傅经常说这么一句话：我们干了一辈子胶印工作，基本上都是在和水打交道。刚开始工作时，我当然不能理解其中的深刻含义，总认为只要把水量稍微开得大一点，印出的产品不带脏就行，但随着时间的推移和工作经验的不断积累，才知道以前的认识实在有一些肤浅，那只是干印刷的初级阶段，只能印些一般化的产品而已。可以讲，在胶印中，水墨平衡原理的核心就是要控制好水，就是要对机器的输水装置进行规范化的操作；否则，即使我们埋头苦干了一辈子，操作水平也永远得不到提高。

海德堡CD102机器的输水装置，结构上还是比较简单明了的，主要包含有：水斗槽、水斗辊、计量辊、靠版水辊、串水辊、中间辊（也称作过桥辊），以及安装在计量辊上方的一个调节水量偏大的吹风装置。酒精润版循环系统虽然独立于机组之外，但却是为输水装置服务的，也应属于输水装置。润版液经过该系统自动配置、恒温冷却后输送给水斗槽，再经过水辊间的相互压力传递，使水膜变得又薄又匀，再向印版提供最适宜的水量，保持水墨平衡。

1.5.1 输水装置各部分操作要点

（1）酒精润版循环系统的设置与调节

酒精润版循环系统虽然没有直接安装在印刷机上，却也是输水装置不可分离的重要部分。该系统的功能主要有两个：一是把水、异丙醇和润版液按一定比例进行自动混合，不断地向水斗槽循环供水；二是对酒精润版循环系统中的水，按照设定的温度进行冷却，保持水温恒定。

凡是以前使用过水辊绒套润版方式而后来再使用酒精润版方式的操作者，都会和我一样有着非常深刻的体会，都能感受酒精润版给印刷带来的种种好处，它和过去的普通润版液相比，具有很明显的优点，在操作方面自然有许多不同之处，其中最重要的一点就是要时刻保持清洁。因为该系统的水、墨路是直接相连的，特别容易受到污染，故障率较高，稍有疏忽，就会经常影响到产品质量的稳定性。因此，在实际使用过程中必须要规范化、标准化操作，主要应注意以下几点。

① 在酒精润版系统的水箱中，凡是吸进的自来水、异丙醇和润版液，输出和回收的酒精润版液等每一处都有过滤网、过滤海绵，所有的过滤装置都必须完好，一旦发现脏了、坏了就得及时更换。根据我的经验，该水箱里的水特别容易脏，一旦保养不善，就会导致水箱不制冷、不吸酒精、不上水等，几乎所有的故障都是因为一个字：脏。操作该系统的关键就是要加强定期清洁、定期换水，经常采用专门的管道清洗液对管道进行循环疏通，确保其工作正常。

② 该系统中有许多检测水位的感应器、检测流量的感应器、检测异丙醇含量的感应器等，这些电子器件都相对比较娇嫩，需要经常注意清洁，并小心对待，防止把它们损坏掉，也防止它们的检测出现错误。

③ 自来水的水质非常重要，如果水中的钙镁等金属离子杂质含量超标，会引起诸多的印刷故障。我们国家幅员辽阔，东西南北的水质差异很大。一般来讲，南方大部分地区、平原地区的水质偏软或偏中性，北方地区、山区、矿区的水质偏硬。虽然我们印刷人员不可能

亲自对水质进行化验，但应该向当地的自来水厂进行咨询，了解清楚。对于水质十分硬的一些地区，其自来水根本就不能直接用于印刷，必须采取一些有效措施，如通过过滤或软化装置，使水的硬度逐渐降下来，或干脆使用纯净水等。

④ 关于酒精润版液的成分配置，根据海德堡公司的建议和我们大多数厂家的长期实践经验，一般做如下设置。

a. 温度设定范围：10 ~ 12℃；

b. 异丙醇含量：10% ~ 12%；

c. 润版液含量：2% ~ 3%；

d. 酒精润版液电导率：800 ~ 1200μS；

e. pH 值：4.8 ~ 5.2。

技巧提示

一是要注意印刷中使用的异丙醇质量，等级差的、市场价格太便宜的异丙醇，杂质含量一般会比较高，可能会对印刷造成不良影响。对此，我们操作人员自己也可以动手做个简单测试，只要取一个玻璃杯，以1：1混合清水和异丙醇，经过30分钟后，观察液体的状况，好的异丙醇非常纯净、清澈透明；而混浊泛黄的，其异丙醇成分肯定有问题，最好不要使用。二是由于润版液具有较强的缓冲功能，当润版液的含量发生变化时，pH值不会有太明显的反映，假如A液体pH值为5，B液体pH值为6，则A、B两液体的含酸量已经相差十倍，只检查pH值不能够准确掌握润版液含量的变化，还需要借助电导率方面的检测。电导率是液体中的导电能力，只要液体中的含酸量稍有一点点变化，电导率就会随之改变，依此获取的数值是非常灵敏可靠的。因此，有经验的机长只需要经常检查电导率的数值和酒精含量，就能够把酒精润版液完全掌握好、使用好。

（2）水斗槽

在一般人看来，水斗槽的操作太简单了，只要把底座的几颗螺丝锁紧即可。我们如果都这样对待工作的话，总有一天会发生让人意想不到的大问题。很多年前，我们在这方面曾经有过非常深刻的教训：有位操作工在印刷过程中，发现水斗槽回水口堵塞，就拆下来清洗，然后再安装上去，继续正常开机。此事隔了半个月之后，前规朝外侧的开牙球突然卡死而使前规无法活动，得知情况后，我也赶忙过来查看原因，并问机长是否忘记了加油？机长说不可能，有机台保养记录簿可查。就在我低头进一步查找时，突然有一滴水滴在我头上，不一会，又下来了一滴水，引起了我的警觉，抬头一看，顿时明白了一切。

原来，这位粗心的机长在清洗水斗槽的过程中，残留了几缕细棉纱，拖挂在水斗槽的外壁上，如图 1–25 所示，由于棉纱不断地从水斗里吸附水分，沿着棉纱条形成水滴，滴滴答答地滴在前规的开牙球上，日积月累，导致开牙球很快坏死。此次事故，公司的直接损失超过一万元。可见，操作机器不能有一丝大意，即使最容易、最简单的工作，往往隐藏着最让人意想不到的隐患。在我看来，对水斗槽的操作也有若干要求。

① 安装水斗槽时，要注意左右两端保持水平，防止一边高，一边低，以免供水量一边

多，一边少。

② 安装水斗槽的前后位置要适宜，千万不能猛力向里推，使水槽边缘紧靠着串水辊，这样会造成串水辊表面的镀铬层受到摩擦，亲水性能下降，匀水功能遭受破坏。

③ 水斗槽外壁的保温层要注意保护完好，如有开裂、脱胶现象，要及时重新包裹或更换。因为水斗里的水都是经过冷却的，温度只有 10℃左右，而印刷车间的温度一般在 25℃左右，条件差的车间温度则有 30℃以上，会产生冷凝水，滴落的水珠会对机器、印品带来许多危害。

图 1–25　水槽外壁滴水的纱布

④ 水斗槽里有一根不起眼的出水管，在它的上面均匀分布着二十来个比较细的出水孔，如图 1–26 所示。由于水中的杂质及油污等，大多数出水孔常常被堵塞，也许只有两三个孔保持畅通或者全部不通。为此，有些机长会直接把这根出水管拔掉不用。

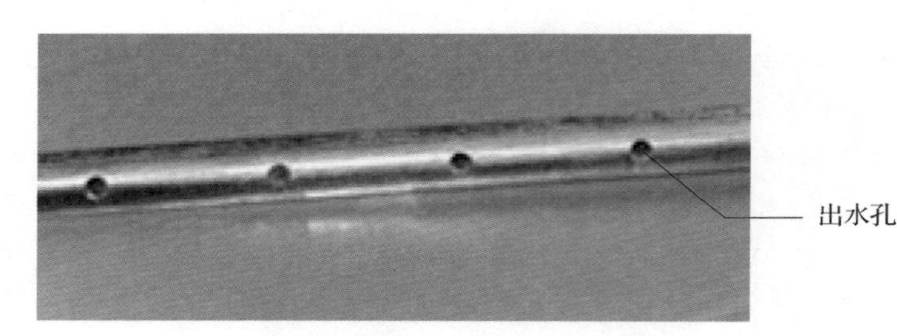

图 1–26　出水管

面对工作中出现的这种情况，不知我们操作者是否曾想过这样一个问题：为什么需要设计这么多出水孔呢？我想，这里面自然有它的道理：一是为了将冷却过的水通过各个出水孔均匀地供应到水斗槽的每段区域，使其每段区域的水温始终保持一致，假设始终有冷却水循环供应部分的水温是 10℃，而没有冷却水循环供应部分的水温可能是 13℃或者更高，由于各个区域的水温不一致，这就会给水墨平衡的控制增加新的难度；二是为了控制进水时的流速，减轻水面的波动，使水斗液面保持平稳，进而使水斗辊的传水量保持稳定，这样才有利于从各个细节方面来控制好水墨平衡。

⑤ 在水斗槽的进水口处，还有个水位检测器，时间长了很容易被油污粘脏，就没法检测水位了，需要经常清洗。

（3）水斗辊

水斗辊是输水装置中直径最大的一根水辊，由水斗辊电机单独驱动，直径为 108mm，中央呈鼓形状，类似于擀面杖，这种形状的好处是可以保证印版两边有适宜的水量，减小印版两侧上脏的可能性。水斗辊的加工质量要求非常高，一旦损坏，就无法修复和替代，若要重新买一根，需花费五六万元。目前，我们公司有台机器就是因为操作不慎，而把水斗辊的表面划了一道深深的伤痕。因此，在操作中一定要格外小心，主要注意事项有如下。

① 对于水斗辊来说，最为重要的一点是要时刻保持干净，保持其良好的亲水性能，如果某一区域粘脏，亲水性必然下降，传水量必然减少，就会使产品上脏。

② 每逢节假日期间，必须卸掉水斗辊和计量辊间的压力，否则会使水斗辊长期受压变形，影响传水性能。

③ 水斗辊轴头与轴座的配合要紧密、牢靠。我发现此处的内六角螺丝常有松动，要多检查锁紧。

④ 安装水斗辊时，要放在水斗槽的正中央，注意不能和水斗槽的两边有任何接触，防止水斗辊被异常磨损坏。

（4）计量辊

计量辊的表面镀了一层亲水性能极佳的铬，就像一根不锈钢辊，使大家误认为它很坚硬耐用，其实它的表面很容易受伤。由于它的加工要求很高，价格也很贵，每根近三万元，一般情况下是不轻易更换的，即使有一些毛病，也只好凑合着勉强使用，这当然会影响到产品质量。所以，我们在操作中应注意以下几点。

① 计量辊与水斗辊、靠版水辊的压力一定要正确，要严格按照各机器的操作说明书进行规范化调节，要保证其准确地传水、匀水。

② 在机器的运转过程中，计量辊既要受到水斗辊齿轮的强制驱动，又要受到靠版水辊的带动，形成两根软辊中间夹着一根硬辊的方式来传水。由于水斗辊和靠版水辊的速差比较大，非常有利于将水膜拉得更薄、更匀，但却要迫使计量辊承受一定的摩擦力量，即便计量辊是硬性材料，也经不住磨损。我见过很多机台计量辊的表面已被磨出了一圈圈浅浅的沟痕，使得其传水性能大打折扣。形成这种情况的原因就在于速差带来的高速摩擦，只要靠版水辊和水斗辊表面粘一点点杂质，就有可能把计量辊的表面摩出伤痕。因此，在平常工作中，操作计量辊最重要的一点就是要保持干净，保持亲水性。

③ 千万不要使用腐蚀性或酸性的清洗液清洗表面镀铬的计量辊，每天下班前要用酒精或水斗辊清洗剂把水斗辊、计量辊仔细清洗一遍。

④ 计量辊轴头、轴孔与轴座各个部分的配合要紧，计量辊与水斗辊齿轮的润滑要保持良好。一旦这些部分有了磨损，运转起来就会有跳动，就会产生讨厌的水杠。

（5）靠版水辊

靠版水辊是唯一直接向印版供水的胶辊，它的硬度一般在25，比较娇嫩，特别容易损坏。有很多操作者由于使用不当，每年总要更换好几根新的靠版水辊，并还向领导抱怨说这批水辊的加工质量有问题。其实，在抱怨之余，应该多分析导致问题的真正原因。我曾经使用过国内大小四五个厂家加工的靠版水辊，一般都还可以使用，关键在于如何正确操作。

① 在使用靠版水辊前，对一些常见问题，心中要有一定的预见性，首先必须对其外表进行一番认真仔细的检查。

a. 检查水辊的橡胶表面是否完好。

b. 检查橡胶和胶辊铁芯的外表是否粘结牢固，只要有任何的脱壳、开裂现象，靠版水辊的所有压力关系就无法调节，这样的水辊就一定要更换。

c. 检查水辊的轴头、轴座是否有磨损，两端轴承润滑是否良好和靠版水辊铁芯的内圈配合是否紧密。我曾经发现有些机台的靠版水辊就如图1–27一样，轴承的配合已经出现了明显的松动，导致其传水量非常的不稳定，却查不出原因来。

图 1-27 轴承与轴套配合松动

② 靠版水辊和印版、串水辊、计量辊、中间辊的各个压力关系调节必须正确无误，但我们在实际操作中，由于总担心传水不佳造成产品带脏，而习惯性地加大一点压力，这肯定会影响它的使用寿命。

③ 每天下班洗车时，必须把靠版水辊一并清洗。但如果它和中间辊的压力比较小或根本就没有接触，就会使残留在靠版水辊上的油墨长期得不到清洗，这样就会让它变得像墨辊一样，硬度越来越高，传水性能越来越差，很快就会逐渐报废掉。在实践中，这样的教训确实有很多，大家应该高度重视。

④ 印版拖梢的裂缝、中间辊表面尼龙的破损等非常容易将靠版水辊的表面划伤而无法传水，这也经常会致使水辊报废。

⑤ 由于靠版水辊的硬度最低，会经常吸附一些纱布绒毛、头发等，会使产品有点线状局部带脏，此时应慢慢点车，将其清理干净。

（6）中间辊

中间辊是酒精润版装置中具有独特设计的一根辊子，它和水、墨辊同时接触，可来回串动，以加强匀水匀墨的功能，其最主要的作用是：

① 通过和靠版水辊的接触，可以快速向墨辊传递一些水分，使油墨得到必要的、适当的乳化，改善油墨的印刷适性，有利于快速实现水墨平衡，保持水墨平衡的稳定性；

② 通过中间辊和水、墨辊之间的桥梁作用，可以很方便地对水、墨辊上的油墨同时进行清洗。

这里需要重点强调的是：由于中间辊在和水辊接触时，会不断地向墨辊传递水分，如果这些水分不能及时消耗掉，则会使油墨中含有的水分越来越多，导致油墨的过度乳化，影响产品质量。因此，我们在实际印刷过程中，对于下面两种情况应选择水墨中间辊分离的方式。

① 版面图纹小，耗用油墨量不多的产品，无须过度乳化；

② 使用金墨、银墨、珠光油墨等特种油墨的产品，由于这些油墨的颜料不溶于水，无须适当乳化。

1.5.2 输水装置的安装与调节

输水装置的安装与调节是领机的一项重要工作，也是一项技术要求非常高的工作，既要认真仔细，又要有十分丰富的经验。实际上，输水装置中的辊子只有五根，包括水斗辊、计量辊、靠版水辊、串水辊以及水墨中间辊等，这五根辊子的状况如何，直接影响到机器的水墨平衡。曾经有许多印刷界的同行到我们公司来参观交流，经常抱怨说水墨中间辊不好用、靠版水辊不耐用、油墨易乳化等问题。笔者也曾亲眼见到南京一家印刷厂有一台较新的海德堡四色机的水墨中间辊没有安装，问其原因，说是不好用，容易使油墨乳化，拆掉反而好。闻听此言，我就可以断定这台机器的输水装置没有调节好，也不知道他们的靠版水辊平时是怎么清洗的。关于输水装置的安装和调节是印刷中最难、最重要、最要求规范化操作的核心部分，是实现水墨平衡的关键所在。因此，在日常工作中，我们要非常严格认真地规范其中的每一处细节性的操作，才能使输水装置更加稳定、可靠、持久地工作。

（1）水辊安装中的注意事项

① 搬运水辊时，一定要轻拿轻放，切勿碰伤、擦伤水辊表面的橡胶层、尼龙层、镀铬层等。不管是哪一根水辊，只要有一点伤痕，都会影响它的润湿性能，且这种伤痕是无法修复的。

② 水辊的轴头、轴座、轴孔、齿轮等都要预先涂抹一层润滑油脂，以最大限度地减少磨损，如图 1–28 所示。

图 1–28　手工涂抹润滑油脂

③ 在安装水辊之前，必须使水辊处于抬起状态，并使靠版水辊和串水辊、计量辊和水斗辊之间的距离适当加大，以消除水辊之间的摩擦力，便于水辊的安装。

④ 只要是在正常状态下，所有的水辊都可以用手轻轻推入。可有的人在拆、装水辊时，就是不懂得讲究合理的工作程序，往往为了克服水辊间的摩擦力，只会用蛮力将水辊硬推、硬拔，或者动用各种工具硬敲、硬撬，结果在无意中使水辊表面受到损坏，同时也会使轴头、轴座、轴孔等相关零部件受到一定程度的损坏。如果我们经常这样蛮干，再好的机器也会被搞烂。

⑤ 在安装水斗辊、计量辊、靠版水辊时，一定要将有固定螺钉的一端稳妥地放入轴座中，用长度合适的螺钉拧紧。注意：由于水斗辊驱动侧的固定螺钉较短，需要蘸螺丝胶水紧固，以防螺钉有松动、脱落的现象。

（2）水辊压力的调节

为了正确理解水辊压力的调节方法，首先让我们来研究分析一下它们的工作原理。

水斗辊由水斗电机单独驱动，通过一对相互啮合的齿轮将动力传给计量辊，依靠两辊之间的压力和速差，可以将水斗辊供给的水膜第一次拉匀。

同样，计量辊和靠版水辊也存在压力和速差，就可以把水膜第二次拉匀。

串水辊是由机器传动的，与机器同速，表面镀铬，但不抛光，具有磨砂的感觉，使其既有较好的含水作用，又可以增加对靠版水辊的摩擦力，驱动靠版水辊的转动，使靠版水辊与印版之间不会产生滑移。

中间辊是依靠水、墨辊转动的摩擦力带动的，自己也来回串动，使水路和墨路实现有机相连。

通过上述的研究和分析，我们就可以感觉到水辊压力的调节要比墨辊压力的调节来得更为复杂。图 1–29 是海德堡 CD–102 的水辊排列。

我们从图 1–29 中可知，由于这五根辊子的材料、直径、作用以及运转方式都不一样，调节方法就自然有很大的区别，具体内容如下。

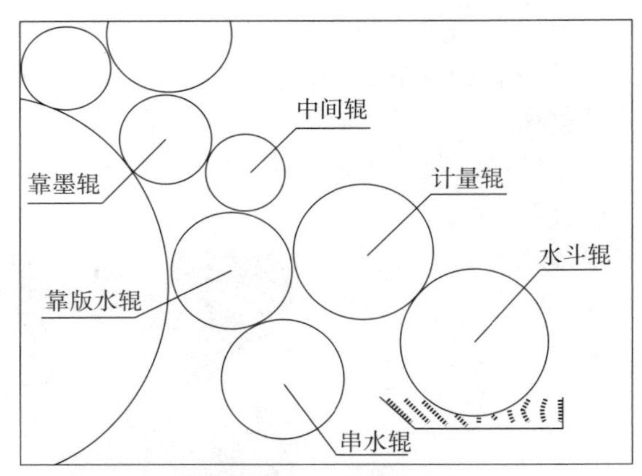

图 1–29 水辊的排列

① 水辊压力的调节顺序和方法

调节水辊压力时，特别讲究先后顺序，如果打乱了调节的顺序，既不利于安装，也无法正确调节。有关水辊压力的具体调节顺序和墨杠宽度如下：

a. 靠版水辊→串水辊（墨杠 6 ~ 7mm）；

b. 靠版水辊→印版 （墨杠 5mm）；

c. 中间辊→靠版水辊（墨杠 3mm）；

d. 计量辊→水斗辊（两端水膜剩 1cm 时再加 1/4 圈）；

e. 计量辊→靠版水辊（墨杠 6 ~ 7mm）；

f. 中间辊→第一根靠版墨辊（墨杠 3mm）。

调节水辊压力的方法主要有三种：塞片法、拉纸条法、墨杠法。由于前面两种方法是以操作者的经验和手感为主，只能用来调节过去包有绒套的水辊，或者用来对酒精润版水辊的粗略调节。第三种方法是以数据为标准，是最为精确的调节方法。如今，我们都普遍采用将水墨辊一起上墨查看墨杠的方法，来调节水辊的压力。

② 关于水辊压力调节的具体要点说明

a. 靠版水辊和串水辊的压力一定要大于它和印版的压力，使靠版水辊始终受串水辊的驱动力，而不能受印版滚筒的驱动力，特别是带有水辊差动装置的机器更应如此。如果不这样调节，就会容易产生水杠。这是为什么呢？因为印版滚筒上存有缺口，使靠版水辊在遇到缺口时，瞬间失去来自印版滚筒的驱动力，必然会使其转速减慢，待其通过缺口后，又必然会使其转速加快，如果就这样让靠版水辊一会儿慢，一会儿快地运转下去，自然会产生水杠等问题。

b. 在日常工作中，需经常检查计量辊对靠版水辊的压力，以保证其准确传水。但由于计量辊表面始终存有水分，如落下水辊再抬起后，墨杠不易查看清楚。为此，只需在计量辊的两端各插一张白纸条，通过查看白纸条上的墨杠宽度即可。

技巧提示

关于计量辊和靠版水辊的压力大小问题，有许多操作者认为这两者的压力宜小不宜大，只要能把水传过去就行，如果压力大了，容易产生水杠。以前我也是这样想和这样做的，经常被水杠所困扰，通过多次的学习和交流后，才知道这种观点恰恰是错误的。因为，在计量辊和靠版水辊的压力较小时，就不能把计量辊上的水完全传过去，就不能把水膜拉得既薄又均匀，使水在分离时出现拉丝现象。由于它们之间有一定的速差，会使靠版水辊某一轴线的水量突然增大，就使印版上的水量也突然增大，导致印品上经常有一条浅白的水杠。因此，在操作中，千万不能想当然地认为：接触压力越小，机器的振动就越小，水墨杠子就越少。在具体情况下，应具体分析，区别对待。

1.6 收纸装置

当印刷单元完成作业后，印张就进入收纸装置。收纸装置的作用是从最后一组压印装置上接住印张，将印张平稳地传递到收纸台上。在传递过程中，应满足不撕破、不污损、收纸齐整等基本要求。同时，为了加快油墨的干燥过程，防止印品上下粘连，还要在收纸过程中增加对印品进行喷粉或烘干的处理。

收纸装置是单张纸胶印机上的最后一个环节，是实现完美印刷的重要环节。相对于前面几大装置来讲，该装置比较简单，主要有收纸链条、收纸吸风轮、纸张整形器、齐纸机构、压纸吹风管和吹风扇、取纸叉杆等。乍看起来，似乎都比较容易掌握，没有多少深义。但在实际工作中，却远非如此，我们在这方面的教训恰恰有很多，诸如收纸链条牙不接纸、收纸不齐整、产品图文划伤等。因此，我们在使用和调节过程中，同样需要小心谨慎、认真对待，切实做好每一项细节性的工作，才能正确地操作好收纸装置，努力把好产品质量的最后一道关。

1.6.1 收纸链条

（1）要经常对收纸链条勤加观察，如图1–30所示，其表面是否有油脂，显得比较湿润。如果显得比较干燥，则证明该链条缺油，应当及时加油。我发现有些做进口机器的操作者，总是片面地认为进口机器的自动化程度高、性能可靠，机器本身会根据收纸链条的运转次数自动加油，不用多管。其实，抱有这样的想法是非常错误的，因为自动润滑系统虽然好，但要有适合的机油、适宜的环境等才能可靠工作。如果因为我们的车间环境温度太高、粉尘太大、机油黏度不够、油眼被堵死、长

图 1–30　收纸链条

期使用红外烘干加热系统等都会造成收纸链条不同程度的缺油。比如：经常使用红外烘干加热，会促进链条油的挥发、干结、氧化，就必须要增加润滑的次数。因此，我们千万不能过于迷信机器的自动化，而要根据实际使用情况来多加分析和观察，宁可多加一次油，绝不能缺油。

（2）收纸链条不能调得过松或过紧。如果太松，会影响收纸牙排开、闭牙时间的稳定性，并产生噪声；如果太紧，会增加机器的转动阻力，造成相关零件（链轮牙盘、链条滚套）的加速磨损，并伴有比较刺耳的响声。那么，如何判断收纸链条的松紧程度呢？一般认为：操作者应先点动机器，让任意一档收纸牙排置于压纸风扇的下方，然后用双手来回拉动牙排，以感觉到收纸牙排稍有一些晃动为佳。在实际操作中，我们宁可让链条略微松一点，也绝对不能绷得太紧，因为后者比前者的危害可能会更大。

（3）机器经过长期使用，收纸链条的各个部位都会被无孔不入的粉尘污染，那些粉尘和润滑油混合在一起，形成厚厚的油泥，肯定会对链条的润滑产生不利影响，必须注意清洁。而且在做清洁工作时，不能仅仅局限于用毛刷掸掸灰尘，而要定期用煤油对收纸链条滚轮套和导轨进行彻底清洗并加油。无论在什么情况下，收纸链条的润滑一定要保持良好，最大限度地减少收纸链条的磨损。

1.6.2 收纸吸风减速轮和纸张整形器

收纸吸风减速轮的作用是将纸张的运行速度有效降低，有利于将纸张下落并被理齐；纸张整形器是针对卷曲的纸张，从纸的背面用吸气吸住，使纸张作相反方向的变形，从而将卷曲的纸张拉直拉平。从字面上看，这两句话应当不难理解，似乎只要了解这两个机构的作用，就可以很好地掌握运用。但在实践中却不是这么简单，我常发现有一些机台的收纸有很大问题，如图 1–31 所示。

该产品纸张为 80g/m^2 的胶版纸，版面图文非常简单，按常理来说，即使机器再差，印刷下来的产品也不可能这么乱七八糟的，纸尾也不可能如此卷曲，出现这种故障真让人想不通。我经过一番认真的查看，发现问题就出在纸张整形器和收纸吸风轮上。对于这么简单的产品，该领机却错误地使用了纸张整形器，收纸吸风轮的吸气量也开到最大位置，结果把本来较为平整的纸张吸得卷曲起来。当我帮他关闭了纸张整形器，减少了收纸吸风轮的吸气量后，纸张立即就变得十分平服，收下来的纸堆也都齐齐整整，印刷速度也从 6000 张 / 时提高到 12000 张 / 时。

这就说明，纸张整形器的使用、收纸吸风轮吸气量大小的调整对于印刷来说十分重要，操作者不仅要有细心、耐心和责任心，还要具有丰富的操作经验。就经验方面来讲，主要是依据纸张的种类、厚度和墨量的多少来确定，并和收纸链轮上的开牙凸轮、理纸机构、托纸吹风及压纸吹风扇等部件配合起来调整使用，如图 1–32 所示。对于表面十分光亮的纸张、单面印完后再打反印刷的产品，需特别注意吸气轮对印品背面图文的拖伤。如发现有拖伤，应该将吸气量减小，或将单个吸风轮做左右移动，移到纸张的空白区域。用一句话来表达，就是既要满足收纸整齐的需要，又不能影响机台的产量和质量。

1.6.3 压纸风扇、吹风杆、放纸时间控制凸轮

在收纸台板的上方有多排压纸风扇和三根压纸吹风杆，它们可以共同向纸张加压，促使纸张平稳地落向收纸台。在生产过程中，一定要根据纸张落下的具体情况来灵活调节压纸风

图 1–31　纸张收不齐

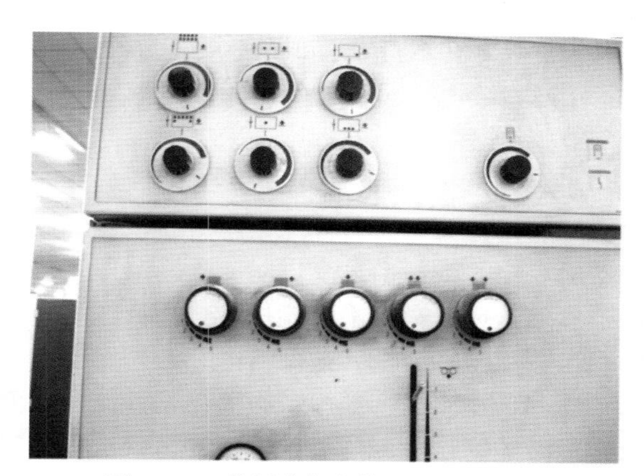
图 1–32　收纸张部位的风量调节旋钮

扇的转速、压纸吹风杆风量的大小和控制凸轮放纸时间的早晚。对于这方面的调节，的确没有任何具体的数据可供参考，完全凭借操作者自己的感觉和经验，来单独或整体进行多方面的各项调节。如果调节不当，会对产品质量带来许多不利影响，使前面的所有努力都化为乌有。操作中，必须注意以下几个方面。

（1）因长期使用，压纸风扇可能会被不断堆积的喷粉或意外出现的小纸屑卡住而无法转动；吹风杆上的吹风孔可能被堵塞而无法吹气等，需要注意观察和清理。

（2）压纸风扇、吹风杆、放纸时间控制凸轮以及和收纸吸风轮的调节，需相互配合起来，做灵活调整。

（3）对收纸而言，卡纸、吸墨量小的纸张容易调整；薄纸、吸墨量大的纸张难以调整。印刷速度越快，纸张的克重越大，那么其前冲惯性就会越大。所以，当我们在调节压纸风量、收纸吸风轮的转速、控制开牙凸轮放纸时间时，首先要控制机器的印刷速度，要先慢后快，根据纸张落下来的具体情况、具体特点，综合考虑多方面的因素，细心地加以观察和分析，有的放矢地进行调节，一点点地把收纸调稳、调顺。

我们在实际工作中，尤其要经常关注这么一种现象：如果放纸太早，下落的纸张就只能依靠自身的惯性，紧贴着下一张纸的表面向前滑行到挡纸杆，但由于油墨还未干燥，就会擦伤下面印张的图文。如果放纸太晚，纸张就会被收纸链条叼牙带飞上去，假如该机器收纸上方的保险杠不灵敏的话，不断飞上去的乱纸就会造成设备的损坏。我们就曾经发生过一起这样的事故，损失了一万多元。

当然，即使我们已经完全正确地操作了收纸装置，印刷下来的纸张可能也不一定完全收好、收齐。为此，也许有人感到奇怪，实际上这牵涉到一些更为复杂的深层次原因，操作者必须具有相当长时间的经验积累，才能够妥善解决。根据经验，当纸张实在收不齐、收不稳定的时候，可能有一些更深层次的原因。

（1）纸张本身带有静电。具体表现为收纸下落时不稳定，同时会伴有收纸吸风轮没有吸住纸张发出的“嗤嗤”声；抽取样张时，会明显感觉到上下两张纸存在吸引力，不易分开。遇有这种情况，一般很难快速解决，只有消除静电，才能把纸张收齐。因此，要先打开机器上的静电消除装置，再在机器及纸堆的周围大量喷洒水分，以迅速增加空气湿度，促进静电离子的释放。这样，收纸情况就会渐渐好转起来。

（2）墨层厚度较大，喷粉量不够，上下印张有一些粘黏的情况，造成收纸不齐。这种情况最容易发生在 157g/m² 以下的铜版纸、轻涂纸中。至今我还清楚地记得十多年前的一次质量事故：当时印刷的是一满版大红油墨的电池商标，采用的纸张是 80g/m² 单面铜版纸，我在调节收纸装置时，发现印下来的产品总是收不齐，搞了一阵子后，实在没有办法，就只好继续印刷。当印完后，拖出产品一翻看，才发现由于喷粉量不够，产品全部粘脏，堆压在下面的产品的情况就更为严重，基本报废了。通过这一次的教训，我总结出这样的经验：当产品墨层较厚、纸张不易干燥时，不断落下来的纸张就会和纸堆上的纸张粘贴在一起，齐纸机构不管怎么撞纸，也不可能把纸张撞齐，所以，一旦发现收纸不齐时，就要立即想到喷粉量是否足够？印品是否有粘脏的可能？只要小心检查，就能及时发现问题，把损失降到最低。

（3）在印刷过程中，版面用水量太大，而且又不均匀，由于纸张吸收了过多的水分，加剧了纤维的膨胀，使纸张变得既异常松软且又卷曲不平，给收纸装置带来很大的难度。有些机长在印刷书刊产品时，为了防止印版带脏，总喜欢把水量开大一点，机器开快一点，至于收纸稍微乱一点就不管了，这种做法自然会增加后道工序的工作量。

（4）印刷压力过大，纸张从橡皮布上的剥离力就增大，引起纸张的过度卷曲，造成收纸困难。

1.6.4 喷粉的使用和控制

喷粉装置本是一套独立的机构，但由于其安装在收纸部分的下方，工作过程也和收纸装置息息相关，所以，暂且把它也看成是收纸装置的组成部分，如图 1–33 所示。

图 1–33 喷粉装置

喷粉的作用是防止印品背面蹭脏。由于胶印中使用的普通快干油墨的干燥过程比较长，一般需要 4 ~ 6 小时才能干透。如果没有喷粉，印品在堆放过程中就会上下粘脏，引发产品质量事故。因此，在目前的胶印生产过程中还离不开喷粉。我们必须要利用喷粉细微颗粒的支撑作用，扩大印品之间的间距，加大空气的渗入程度，加快油墨的氧化结膜干燥，确保印品不再粘脏。

喷粉的作用虽然很大，但离不开我们在印刷中的正确使用，否则，就会给产品带来危害。首先，喷粉会给环境带来污染，损害操作人员的身体健康；其次，过量的喷粉会影响产品的光泽，并对覆膜、上光等印后加工工序带来一定的影响，甚至会造成产品报废。因此，千万别以为喷粉的使用很简单，其中有若干细节性问题值得我们大家积极研究和探讨。当我们在操作喷粉装置时，需要注意或调节的工作有很多方面，主要有以下几点。

（1）喷粉有植物粉和矿物粉两种。由于矿物粉对人体的危害大，且对产品的光泽度影响较大，所以最好选用植物粉。

（2）喷粉易吸湿，在保管和使用中需保持干燥。

（3）喷粉颗粒粗细的选择。在使用喷粉前，应注意查看喷粉袋子上的说明，目数越大，颗粒就越粗。对于高档的样本、画册、书刊封面等产品来讲，由于其采用的纸张比较光滑，可选用较细的喷粉，且有利于印后上光、覆膜的加工。对于十分粗糙的、不易干燥的纸张，可选用目数较粗的喷粉，因为该喷粉颗粒粗，可以在纸张之间起到较好的支撑作用，更有效地防止油墨蹭脏。总体上来讲，薄纸应选用颗粒较细的喷粉，厚卡纸应选用颗粒较粗的喷粉。

（4）喷粉起始工作时间控制。在海德堡 CD102 机型中，操作者可以通过 CP2000 操作系统进入喷粉菜单来调节。具体做法是：点动机器，使收纸牙排刚好位于喷粉嘴的下方，此时机器的度数就是设定喷粉起始工作时间的度数（一旦确定，一般不用再调整）。

（5）喷粉范围的设置。首先要根据印品的宽度来调节安装在收纸链轮上的控制凸轮，以确定喷粉的纵向长度，如图 1–34 所示。然后再根据印品的长度，在喷粉装置上直接拨动手柄或设定相应数值来调节喷粉的横向长度。经过这样一系列的调整，可以尽量减小喷粉的总用量，减少对机器的污染。但在实际工作中，有些机长由于不会或不注重这方面的调节，不根据产品规格大小，来合理调节喷粉范围的大小，长期使喷粉无谓地乱喷，造成不必要的浪费，同时也对人的健康、机器的维护和保养，造成相当大的危害。

图 1–34 收纸链轮上的喷粉控制凸轮

（6）喷粉用量的确定。究竟如何确定喷粉的用量，是个较难解决的问题，到目前为止，谁都不能也不可能给出一个具体的数据。喷粉量既不能过少，又不能过多，只能是依靠操作者的不断摸索和经验积累来确定。

依我多年的实践经验来看，必须要综合考虑以下诸多方面的因素。

（1）产品墨层的厚度。墨层越厚，产品越有可能粘脏，喷粉用量就要越大，反之则越小。

（2）纸堆的高度。纸堆的高度越高，纸张之间的空隙越小，印张上的墨膜表层和后一印张的分子结合力越大，越容易引起印品的背面蹭脏，那么喷粉用量就要注意加大。在实际工作中，我们经常发现印品的上半部分没有蹭脏现象，而下半部分却有蹭脏现象，且越往下面越严重的原因就在于此。所以，有条件的印刷厂也可以采用专门的晾架，把产品层层隔开，以降低纸堆高度，防止背面蹭脏。

（3）纸张的性质。一般来说，纸张表面的粗糙程度越大，就越有利于油墨的渗透和氧化结膜干燥，喷粉用量就可以减少，甚至不用。反之则要加大喷粉用量。但是，表面粗糙的艺术纸、亚粉铜版纸、偏酸性的纸、带有极性相反静电的纸、本身含水量较大的纸、表面不够平整的纸等都不利于油墨的干燥，喷粉用量应该要适当加大。对此，我们在生产过程中一定要勤于检查，防止产品有粘脏现象。

（4）油墨的性质。不同类型的油墨，其连接料和颜料的成分、比例不同，干燥的速度不同，喷粉用量也就有所不同。特别是在印刷过程中，经常会根据产品的需要，来临时调整油墨的印刷适性，在油墨中加入一些调墨油或去黏剂，以降低油墨的黏度和黏性，这会导致油墨本身的内聚力下降，延长油墨的干燥时间，增加产品背面蹭脏的风险。因此，喷粉用量也就要酌情加大。

（5）润版液的 pH 值。润版液的 pH 值越小，油墨的乳化情况越严重，就越容易使油墨不能及时干燥，喷粉用量也要酌情加大。

（6）印刷的速度。印刷机的速度越快，压印时间就越短，油墨对纸张的渗透时间就越短，同时，落在纸面上的喷粉也越少。在这种情况下，喷粉的用量就要酌情加大；反之，就可减小。所以，我们如果在承印一些印数不多的高档画册、样本、封面时，由于这类产品采用的纸张、油墨性能都很好，只要适当降低印刷速度，就可以减少喷粉用量，或干脆不用喷粉也没有问题。

（7）为了最大限度地减少喷粉对产品质量、设备运行和生产环境的污染，减少对人体健康的影响，建议各印刷厂家购置一台喷粉回收装置，安装在收纸链条盖板的上方，如图 1–35 所示。

我们多年的使用实践证明：该装置的操作非常简便，可以直接和各机台的喷粉装置联动工作，有效回收收纸链条处的多余喷粉，使用效果非常好。

图 1–35　喷粉回收装置

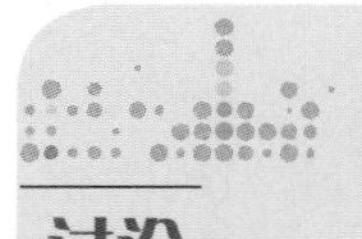

讨论

如何正确选用喷粉

喷粉常见规格和粒度

规格	粒度	规格	粒度
规格 500	15μm	规格 200	35μm
规格 300	25μm	规格 100	50μm

通常来说，下列规格粒度的喷粉可与适量的水印纸张配合使用。

水印纸张 /（g/m^2）	选用喷粉粒度 /μm
50~200	15/25
200~300	35
350~500	50

保养篇

不懂得保养的领机，其实就是频繁制造机器故障、提前结束机器生命的隐形“杀手”。本章着重介绍了海德堡四色胶印机的润滑和保养的部位、方法，要求广大操作者切实加强工作责任心，爱护设备，始终保持机器良好的运行状态。

- 润滑、清洁的部位
- 润滑油的正确选择
- 胶印机的保养

优秀的领机不仅要能操作机器，生产出优质的产品，更要能爱护机器，保养机器，甚至要会对机器进行一些必要的、及时的维修工作，使机器始终保持良好的运行状态。这既是对一名领机职业技能的要求，也是起码的思想道德要求，是一名领机的优良素质的具体体现。尽管进口机器的性能好，但再好的机器也离不开人的操作。实际上，机器的自动化程度越高，对操作者各方面的要求就越高，尤其是在规范化操作和保养方面提出了更细、更严的要求。

如今的胶印机都在向高速、多色、自动化方向发展。自改革开放以来，国家每年都耗费巨资从国外引进大量的进口多色胶印机，这些机器每台都在几百万元，甚至一两千万元，是各个印刷厂的看家宝贝。因此，加强机器的保养对于减缓各个零部件的磨损和变形，减少各类故障的发生，保证机器的良好运转，提高机器的使用效率，延缓机器精度的降低，延长机器的使用寿命等方面都有着极其重要的意义。但在现实当中，却存在这么两种现象：一是企业迫于市场竞争的压力，往往拼命地接单，加班加点地生产，经常以生产太忙为由而忽视了保养；二是一些领机自身的技术缺乏、没有责任心的原因，使得设备长期得不到有效的保养。如果某个企业同时存在着以上两种现象，那就真的非常危险。诚然，定期对机器进行保养会花费许多人力和时间，但相对于因保养不善而造成停机检修来说，肯定要划算得多。所谓“工欲善其事，必先利其器”就是这个道理。多年来的操作经验和教训始终在不断地告诫我们：机器的保养工作如果不能及时到位，再先进的机器也会闹毛病。由于进口机器的零配件价格都很高，维修费用十分惊人，一般少则几万元，多则几十万元。有关这方面的事例肯定有很多，希望我们广大操作者应该吃一堑，长一智，只有不断地总结经验，汲取教训，认认真真、踏踏实实地做好机器的保养工作，才能不断提高自身的操作水平，提高产品质量，提高企业的经济效益。

其实印刷机的保养可以归纳为四个字：润滑、清洁。我们要根据机器操作说明书的要求，制订好详细的日保养、周保养、半年保养计划以及保养内容。当每个操作者按规定做完保养工作后，应负责填写保养记录并签名。对于在保养工作中发现的问题要及时和设备管理部门联系，以消除机器的各种隐患。只有这样做，才能使机器保持良好的工作状态，最大限度地延长机器的使用寿命。

2.1　机器的润滑

润滑油好比是机器的血液，没有润滑油，机器就没有生命。润滑油的基本作用是在机器零部件的表面形成一层保护性油膜，消除零部件间的直接接触，避免机械的摩擦磨损，同时还可以带走热量，以最大限度地减少磨损、延长使用寿命。

润滑油的供给可以是连续的或间歇的方式：连续供油方法比较可靠，一般采用压力循环供油、油浴飞溅供油等；间歇供油方法是由人工用油壶或油枪定期注入润滑油或润滑脂。

在一台印刷机的润滑系统中，主要有油槽→前过滤器→油泵→后过滤器→油管→分油阀→油眼→油嘴等八个部分共同组成。

2.1.1　油槽

油槽的作用就是储存润滑油，向中央润滑系统源源不断地供油。别以为油槽太简单，就可以忽视它，一旦搞不好，同样会有很大的麻烦。这里应注意两点：

（1）油槽之间的接缝处不能漏油

在多色胶印机的各个机组罩壳的接缝之间，都会嵌有橡胶密封条，再辅以硅胶密封，以阻止油槽中机油的渗漏。在机器的安装阶段，所有的工程师的操作过程都是十分严谨的，一般不可能出现漏油。但随着时间的推移，橡胶密封条会逐渐老化，安全性能会有所下降，就有漏油的可能性。此外，操作人员因维修机器的需要，经常要打开罩壳，当修理机器结束后，一些操作者往往急于赶产量，在安装罩壳时就比较简单，只顾着把几颗大螺丝拧紧了就成功，姑且不管密封性如何，这么一来，机器罩壳之间由于密封性不够，就慢慢向外漏油，不仅影响清洁，而且还造成浪费。长此以往，就会给大家一种非常错误的印象，似乎印刷机不可能搞干净，本来就是这么油腻腻、脏兮兮的，地面上也都是油迹斑斑的样子。

我曾遇到过这么一件怪事：有台双色胶印机的罩壳密封性差，漏油情况特别严重，需每周加油才行，一旦疏忽大意，该机器的一些传动部件竟然会因缺油而咬死。想不到，这印刷机也会变成“油老虎”，如此下去，每年要浪费多少油啊？可见，在日常保养工作中，必须要注意这方面的细致检查，一经发现漏油现象，就要顺着油迹找出根源，查堵漏洞。

（2）油槽中要始终保持适当的油量

在日常工作中，我们可以通过查看机组罩壳底部的油标来掌握合适的油量，如图 2–1 所示。

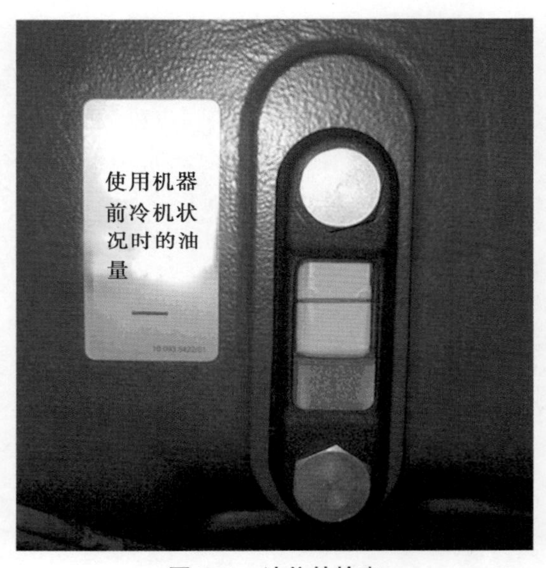

图 2–1　油位的检查

在该图的油标处，刻有上下两道红线：上一道红线是关机 30 分钟后的油位指示线，下一道红线是机器处于运转状态时的油位指示线。对于该油标的指示作用，有许多操作者不以为然，不能严格按标准去做。有的人几乎从不观察油标，直至机器缺油报警时才想起加油。当机器油位过低时，会使油泵吸不到足够的润滑油，使油压下降，不能对机器的齿轮、轴承等进行有效润滑。如果该机器配有中央油路报警系统，那操作者还可以及时发现故障，立即加油。但如果没有报警系统或报警系统失灵的话，就会造成严重的设备事故。

既然缺油有危害性，那过量的油有危害性吗？工作中，有些人为了省事，想当然地往油槽中多加些润滑油，试图一劳永逸。但这样做的结果会造成实际油位过高，殊不知这种做法同样是有害的，其危害性主要表现为下面两点。

① 增加电机运转的负载。由于过量的润滑油，会导致机器底部的许多大型传动齿轮被泡在油里，给机器运转增加额外的阻力。

② 容易使机器漏油。过高的油位，会使主马达与齿轮箱连接的传动轴被浸在油中，当其运转时，传动轴就带着润滑油高速旋转起来，产生很高的油压，使橡胶油封根本不能很好地把油密封住，以至于产生漏油现象。

2.1.2　油泵及前、后过滤器

如果把润滑油比作是机器的血液，那油泵就是一颗跳动的心脏，不断地向机器输送新鲜

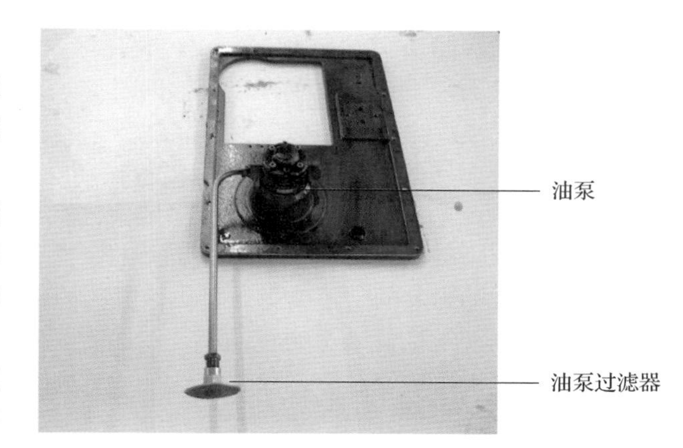

图 2–2　油泵取油口

"血液"，保证机器的正常运转。

润滑油在被吸入油泵前，必须先通过一个喇叭状的简易过滤器进入油泵，如图 2–2 所示。

经油泵输出后，再通过一个超精细的过滤器（图 2–3）和油量压力开关的检测，然后才能源源不断地进入机器的各个润滑部位。

正是有这样两道过滤系统严格把关，才充分保证了润滑油的清洁。否则，如果让含有杂质的润滑油直接进入油管、分油阀、油眼、齿轮等部位，不久就会形成各种各样的堵塞而引起缺油。很显然，这两个过滤器就成了我们保养的重点对象，具体做法如下。

（1）对于前喇叭状过滤网，应趁每年大保养对机器更换机油的时机，将其连同油泵一起拆下，取出过滤网仔细进行清洗。

（2）对于超精细的过滤器，应视具体使用情况，每半年更换一次。曾有一台小森四色机的润滑系统不断报警，后通过检查发现是由于该机油泵上方的超精细过滤器脏污不堪，使供出的油量明显不足造成的。假设该机没有润滑报警系统或报警系统失灵的话，就会发生较大的故障。

（3）在做上述两个过滤器的保养工作时，要顺便把油泵电机的散热风扇罩壳拆卸下来，对罩壳、风扇进行清洁保养，如图 2–4 所示。

图 2–3　超精细过滤器

图 2–4　电机风扇的清洁

由于油泵电机所处的工作环境，风扇叶片上的油脂吸附了大量灰尘，久而久之就形成一层厚厚的油泥，卡住风扇叶片的转动，影响电机工作，所以要格外做些清洁工作才行。

2.1.3　油管和分油阀

油管和分油阀的作用就好似人体中的动、静脉血管和毛细血管。从油泵里输出的润滑油只有通过它们才能准确可靠地把润滑油输送到机器的每一处角落，然后再不断地回落到油槽之中，完成一次循环润滑。

从操作层面来讲，只要把握住机油的过滤关，保证机油的清洁，其油路就会始终保持畅通。但偶尔也会发生一些问题需要引起注意。

（1）油管之间的连接螺母有可能出现松动漏油，导致油路压力不足、润滑不良的故障。一旦有这种情况，千万莫要心急，可通过各机组油量的大小情况来逐一排查。有一次，本公司三号机台曾出现润滑油路报警，经拆开油泵护罩检查，发现是油泵上的出油孔和油管的连接螺母松动漏油引起的，于是把螺母稍作紧固即可，一个看似复杂的问题很快得以解决。

（2）分油阀上油管滴下的机油没有对准需要的润滑点。这种问题多由工作失误引起，主要发生在维修机器后，没有把油管准确复位造成的。一旦发生了偏差，其结果可想而知。

（3）分油阀上的出油孔有可能被杂质堵塞，致使和油管相连的油眼根本得不到润滑油，而造成零部件的锈蚀或咬死。如果遇到这种情况，必须先对其进行疏通，然后再予维修，以免再犯。

（4）油管和油眼相连处断裂或脱落，而造成某零部件的锈蚀或咬死。这种情况多见于一些小范围运动的零件，如：带动墨斗辊转动的棘轮，由于受墨斗辊转角不固定的影响，棘轮油眼上的软塑料油管会因长期疲劳、硬化而断裂，棘轮得不到润滑，自然就会损坏。

2.1.4 油眼和油嘴

油眼，主要用于低速、负载不大且不太重要部位的润滑，通过零部件上面的喇叭口小孔直接用油枪加一些润滑油或润滑油脂即可。

油嘴，主要用于高速、负载较大部位的润滑。对油嘴应注入润滑油脂，也就是我们常说的黄油。

上面所讲的油眼和油嘴属于人工润滑装置，都必须依靠操作者手工来逐个完成。据初步统计，一台四色海德堡胶印机上的油眼、油嘴达六百多个，需手工加油的主要部位如下：

（1）飞达输纸带上端的驱动轴中央油嘴 1 个，每半年一次；

（2）飞达输纸带下端的两根导轮轴承油嘴 4 个，每半年一次，如图 2–5 所示；

（3）自动跟踪飞达快慢调节机构油嘴 1 个，每半年一次，如图 2–6 所示；

图 2–5　输纸线带轴上的油嘴

图 2–6　飞达自动跟踪调速机构

（4）拉规轴操作侧面和拉规调节电机后面的拉规轴中部油嘴各 1 个，每半年一次；

（5）两拉规座各有油眼 1 个，每天只加两滴机油；

（6）前规摆动开牙球各 1 个，每月一次；

（7）压印滚筒、传纸滚筒、收纸牙排上的开牙球共 26 个，每月一次；

（8）四组压印滚筒、传纸滚筒的叼纸牙油眼共 334 个，每月一次（每周做一组，每月刚好完成四组）；

（9）四组压印滚筒、传纸滚筒的叼牙轴座油嘴共 126 个，每月一次（每周做一组，每月刚好完成四组）；

（10）三个三角传纸滚筒的中间及两侧共 9 个油嘴，每月一次；

（11）四组墨斗辊超越离合器油眼各 1 个，每月一次；

（12）四组吃墨辊支架油嘴各 2 个，每月一次；

（13）四组印版滚筒驱动侧护罩内的打版机构机油眼各 1 个，每周一次（此润滑部位在护罩内，特别容易遗漏），如图 2–7 所示；

图 2–7　对黄油嘴加机油

（14）四组墨辊中的三号尼龙匀墨辊、中间辊油嘴共 16 个，每月一次（每周做一组，每月刚好完成四组）；

（15）四组水斗辊和计量辊驱动机构油嘴共 16 个，每周一次；

（16）收纸牙排两端和中央的牙排轴轴承油嘴共 24 个，每月一次；

（17）驱动侧的收纸链轮轴承油嘴一个，每月一次（需点动机器，让牙排转过去一半，才能看到油嘴）；

（18）收纸吸气轮驱动轴的操作侧和驱动侧油嘴各 1 个，每月一次；

（19）空气压缩机中有油嘴 1 个，每半年加特殊耐高温黄油一次（需关闭电源，用手拉动皮带，慢慢转动角度，才能找到油嘴）；

（20）主气泵中有油嘴 1 个，每半年加特殊耐高温黄油一次。

特殊耐高温油的用量不会太多，但价格却很贵，车间应配备一把专用的特殊耐高温油枪，统一供各机台加油。

面对以上这么多的加油点，操作人员在工作过程中极有可能出现疏漏、加错油或没有加到位的情况。因此，除了要求机长一定要对自己机台上所有的油眼、油嘴都非常熟悉，即使闭上眼睛也知道有哪几个部位需要加油，加哪几种油，另外，还要建立健全规章制度，完善保养方法。为了避免这方面的工作失误，我们在润滑过程中还应注意以下问题。

（1）要严格按照机器操作说明书的要求，对油眼或油嘴分别定期加油。在每一台机器中，各个部位的加油周期并不一样，如果加油的间隔周期太短，反倒形成很多浪费；如果加油的间隔周期太长，又会导致机器的磨损。在海德堡印刷机中，每个油嘴都标有不同的颜色，表示不同的加油周期。

技巧提示

黄色表示每周加油，蓝色表示每月加油，绿色表示每半年加油。

（2）根据机器的结构，按照输纸→规矩→输水→输墨→压印→收纸→辅助设备的顺序加油，不要遗漏任何一个应当加油的部位。笔者刚担任四色机机长的时候，由于那时既没有中文说明书，也没有经过良好的操作培训，根本不知道空气压缩机中有个油嘴需要每半年加一次耐高温的黄油，结果过了一年多以后，该空气压缩机轴承因严重缺油而卡死，再加之修理不善，就报废掉了。

（3）不要加错润滑油，人为造成机器损坏。曾经发现有的机长误把调墨油当成机油使用；有的机长出于图省事，或降低成本的目的，把收纸链条的自动润滑油杯中专用的艾卡鲁普系列 LA8 链条油（图 2–8）擅自更改为齿轮润滑油等。润滑油的型号非常多，作用各不相同，效果自然不同。我们在加油前，一定要按照设备要求，仔细查看清楚，确定无误后再加油。

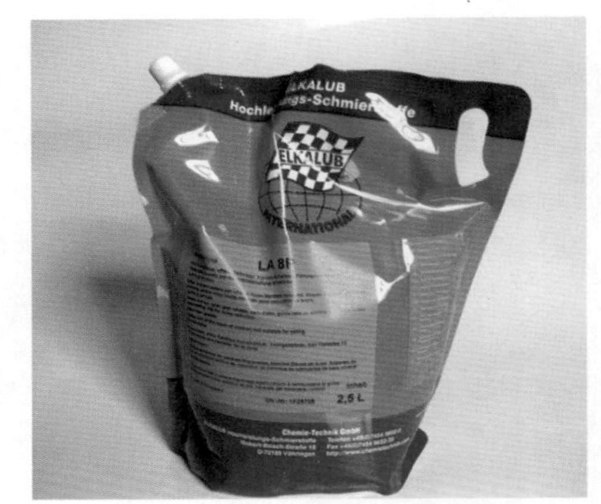

图 2–8　LA8 链条油

（4）加油时，要把润滑部位里的脏油完全挤出，注入新油。这是因为油嘴里面的脏油因时间太久而基本失效，润滑效果大大下降。但有很多人可能是为了节省体力或节约用油的目的，油枪只压了几下，似乎舍不得把油嘴里的脏油完全挤压出来。殊不知这样的节省是有危害性的，咱们在加油时切忌敷衍了事，一定要看到脏油被完全挤出，冒出新油才行。当然，我们也不能抱有所谓的“油多不坏菜”的思想，给润滑部位加入过多的油，造成不必要的浪费。

（5）每次完成加油工作后，必须认真按照本机台保养记录簿里的具体要求，来逐项填写保养内容并签名。只有这样做，才能有效杜绝各种遗漏现象的发生，确保机器的正常运行。通过查阅保养记录簿，可以使操作人员及时掌握本机台的润滑情况，并安排好下一次的保养计划，使设备管理真正落实到每一个机台，每一个人。

2.1.5　其他部位的润滑

所谓其他部位的润滑，是指机器说明书中没有明确要求润滑的，没有设计安装油眼、油嘴以外的部位。虽然我们在日常工作中，已经非常认真地、点滴不漏地按照操作说明书中规定的要求，定期对机器所有的润滑系统进行加油，并不能表示该机器的润滑工作已经做得十全十美。

一名优秀的机长，一定要从思想上高度重视润滑工作，不断地总结经验和教训，才能在工作中不断地发现问题、解决问题、减少故障的发生、减少机器的磨损、延长机器的寿命，

技巧提示

印刷机的质量再好，在使用过程中也会有大大小小的故障，通过对各种故障的事后分析，就会发现其中的一些故障，是由于机器的设计或材料有某些缺陷，或操作说明书的内容有某些疏漏，润滑不够全面而引起的。假如操作者能够自觉加强这些部位的润滑，就能够最大限度地减少机器的故障，保证机器的正常运行。经过这么多年来的实践操作，使我悟出这么一个道理：哪里有接触，哪里就有磨损，哪里就需要润滑！

为企业创造更多的经济效益。

那么，我们总结一下虽然没有油嘴、油眼，但却非常需要润滑的部位。

（1）飞达万向轴的连接头，如图 2–9 所示。在工作中，由于飞达不断地开、关，并日夜不停地高速旋转，其万向轴的连接头处肯定会承受一定的扭曲力，从而造成很大的磨损，用不了几年工夫，就有可能报废。以前，我们确实没有想到这一点，从来不抹点黄油润滑一下，以至于该万向轴只用了三年就要更换，白白花费了 1 万多元冤枉钱。

（2）飞达头上的旋转凸轮，如图 2–10 所示。曾有一台小森四色机的输纸时间出了故障，经检查，发现飞达头上的滚动轴承卡死，把旋转凸轮已啃出一凹坑。从该故障来看，如果每月对该轴承和凸轮抹点黄油润滑一下，就不可能出现问题。结果也只好花费了 1 万多元予以更换。

图 2–9　已磨损的万向轴连接头

图 2–10　飞达吸嘴运动凸轮严重磨损

（3）输纸轮。在印刷机中，所有的输纸轮都没有油眼，但并不意味着不需要加油。由于输纸轮不停地高速运转，其轴芯自然会产生磨损，输纸轮与轴芯的间隙不断增大，就不可能准确地输送纸张。因此，在日常工作中，只要每月加一滴机油，就可以大大减少磨损，延长其使用寿命。

（4）所有滚筒牙排和链条牙排的开牙凸轮。叼纸牙的开牙轴承始终围绕着凸轮在高速运转，如果我们在给开牙轴承加油的同时，再给凸轮表面涂抹一层黄油，就可以使这两个零件之间产生一定厚度和承载能力的油层，最大限度地减轻磨损。曾有一个机长向我抱怨说：机器的前规开牙轴承特别差，经常卡死，几乎每两个月就要更换一次，由于该故障的频繁发生，不仅导致印品的上下规矩不准，更要命的是凸轮的表面也有一定程度的磨损，再这样下去，肯定要更换凸轮。显然，该问题很严重，必须立即解决。于是，我赶紧来到现场，开始先侧耳倾听机器的声音，然后再停机查看开牙轴承和凸轮的表面情况，感到有两点不正常：一是该处的声音太大，二是凸轮的表面太干。于是就给凸轮抹上一层黄油，再次开机检查，顿时感觉声音小了许多。后来，我就借此要求各个机长在对所有开牙轴承加油的同时，必须对凸轮也同时加油，着重加强这方面的润滑。自此以后，该开牙轴承已使用了一年多也没有发生故障。

（5）印版和橡皮滚筒的滚枕。大家都知道，滚枕接触印刷有许多优点，能够将机器运转中所产生的冲击振动均匀作用于滚枕上，使机器运转平稳、压力均匀，同时降低了齿轮和轴承的磨损，并保证了良好的印刷质量。基于此，接触滚枕（走肩铁）方式印刷已普遍采用。既然滚枕有接触，就会有磨损，就要注意清洁和润滑。因为两刚性滚枕始终滚压在一起，肯定会产生磨损，如果在其表面抹点油，当然会大大减少磨损，这对于保持机器精度、延长使用寿命、提高产品质量等方面都是大有好处的。可惜，在工作中很少有人关注滚枕的润滑，新机器用不了几年，滚枕就过早地磨损，使印品质量不断下滑。

每次只能给滚枕抹上薄薄的一层油，过厚的油层反而会严重影响产品质量！

（6）每次安装水墨辊轴承时，一定要把轴承和轴套、轴头和轴座之间抹一层黄油。否则，用不了几年，这些部位的磨损情况肯定会越来越严重，产品质量亦会随之不断下降。

（7）每次大保养，要对所有色组墨斗里的调墨偏心轴、小丝杆上的脏物进行清洁，并在其表面涂抹一层润滑油脂，以最大限度地保护墨斗电机，能轻松地带动调墨偏心轴，准确调节下墨量，如图 2-11 所示。

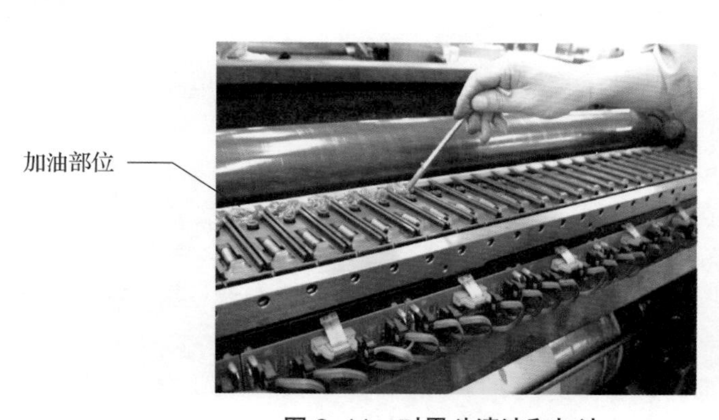

图 2-11　对墨斗清洁和加油

2.1.6 润滑油的选择和定期更换

不同厂家的机器，对润滑油的耐温、耐压、黏度、抗氧化等性能指标都有不同的要求，操作者可通过查看机器操作说明书，或向机器生产商咨询等途径来了解自己的机器需加什么型号的油。每次加油前，要注意检查油的标号是否正确，千万别加错了油，也不要把各种机油混合使用，否则会造成润滑不良，引发重大设备事故。

不同的机器部位，对润滑油的要求也不尽相同。就拿海德堡机器来说，中央润滑系统需要用美孚 150 号超级齿轮油；空气压缩机和风泵的轴承，要使用特殊的耐高温润滑油脂；收纸链条滚轮和轴承，要使用黏度较高的润滑油脂（海德堡专用链条油 LA8）；牙排的开牙轴承所受的载荷相对较大，要缩短加油周期，提高加油的次数，并选用高质量的润滑油脂等。有一次，我们在修理风泵时，更换了两个新轴承，但没想到只用了两天，轴承又卡死了，待拆下来一看，轴承里的润滑油已经完全干结。这是为什么呢？原来是因为风泵的工作温度太高，在更换轴承时，没有把轴承里的普通润滑油脂换成耐高温润滑油脂造成的。可见，即使我们在工作中已经很认真地加了油，但由于油的品质或性能不符合润滑要求，同样会导致机器的损坏。

润滑油经过一定时期的使用，就会渐渐失效，因此要定期予以更换。对处于磨合期的新机器来讲，由于机器中的杂质较多，需三个月更换一次，以后应每年更换一次。换油时，可用汽油对各零部件表面进行冲洗，效果会更好。

2.2 机器的清洁

机器保养的另一重点内容就是清洁。在我看来，清洁机器不是为了做表面文章，为了做给领导或老板看的，而是机器保养的需要，是操作者开好机器、提高印品质量的重要前提，只有抱着这样的工作态度，才能认认真真、踏踏实实地做好这项工作，如果清洁保养工作不善，肯定会影响机器性能的发挥，并加快机器的磨损和结构老化，引起一系列的故障，其后果不堪设想。因此，对于印刷操作者来讲，培养正确的设备保养和维护习惯非常重要，会由此带动各方面的工作积极向前发展，使我们收到许多意想不到的效果。具体的好处有以下四个方面。

（1）清洁机器，可以改善工作环境，愉悦地工作

先进的机器，清洁的环境，当然容易令人工作愉快。记得我刚进印刷厂时，机器的状况确实太差，具体表现为：外壳五颜六色，墨迹斑斑；地面脏污不堪，油迹斑斑；脚踏板和机架处零乱不堪，锈迹斑斑；每天下班从不清洗压印滚筒、滚枕、水斗辊等；机器无保养制度，对叼纸牙、开牙球等重要润滑部位从不进行定期保养；车间里充斥着刺鼻的汽油味和机器的轰鸣声。由于环境差，所有工人的工作服都很脏，似乎干印刷工作很低级。面对这么差的环境，哪里还有一点点工作的激情，真恨不得立即逃之夭夭。后来，幸好公司进行了体制改革，在不断引进海德堡机器的同时加强了各项制度管理，使我们胶印车间各台机器的现场状况有了根本性的改善，才使我和广大员工不再厌恶印刷工作，激发出很大的工作热情，做出些许成绩。

（2）清洁机器能够始终保持良好的工作状态，减少各类故障的发生

操作者肯定都非常希望机器的性能十分稳定，保持良好的工作状态和优质的产品质量。这一切的一切，都有赖于我们做好清洁工作。从机器的电路→油路→气路→纸路→墨路→水

路等各个部分来看，有哪一处不需要清洁保养？只有把这方面的工作做细、做到位，才能使它们减少故障，正常工作。身为机长，我们一方面要爱护机器，加强责任心，另一方面要善于总结经验教训，提高清洁保养的水平。

（3）清洁机器的同时可以顺便做各项检查工作，及时发现和处理潜在的隐患，提高设备安全性能

有一次，我在对一台新机器的收纸链条做清洁保养时，突然发现链条连接处的固定销冒出了几毫米，经过仔细检查，原来是固定销上竟没有弹簧卡子。我估计该机器在安装出厂时就有重大疏漏，因为弹簧卡子是不可能自动脱落的。幸好被及时发现，才没有造成设备事故。其实，像这样的例子还有很多，通过对机器的清洁，还可能发现诸如螺丝松动、零件生锈、油眼堵塞、电线脱落等异常现象，及时发现和处理潜在的隐患，提高设备的安全性能。如果平时不做清洁保养工作，或者马马虎虎，则无法保证机器的安全。

（4）清洁机器可以减少磨损，降低维修费用，提高企业利润率；可以延长设备的使用寿命，提高生产能力，提高现代企业的竞争力

应当说，随着科学技术的快速发展，胶印机的制造质量都在不断地提高，各项性能指标都更加稳定可靠，自动化程度确实是越来越高。但我们可曾想过：机器越先进，越近似于傻瓜机，就越要求操作者要规范化操作，精细化保养。很显然，如今的多色胶印机的清洁保养工作确实非常重要。试想一下：当压印滚筒很脏时，印刷压力还是否标准？当水墨辊上附有很多墨渣、纸屑等杂质时，印品质量怎能达到优良？气泵上的过滤器粘满灰尘时，风量还能否保证？诸如此类的脏污现象，肯定会降低产品质量，增加机器磨损和维修费用，加快机器的老化。

尽管加强机器清洁保养的好处很多，但还是有很多人对此不以为然，认为机器稍微脏一点并没有多大的影响，再说很多机器都很老了，产品档次也很低，根本就不需要再那么积极认真。其实，抱有这种想法是非常错误的，是很不负责任的。有一次，我在南京某印刷厂查看小森四色机的书刊产品质量时，发现图文印迹有点发虚，不够实在，于是就要求该机长加大印刷压力。可该机长抱怨说：印刷压力已经很大了，我们这台小森机器的印刷压力就是差，就是比不上海德堡。听了这话，我也有点将信将疑，心想：即使小森机器质量不好，总不可能有这么明显吧？一定要查个究竟。于是，我就带着大家进一步检查印版、橡皮布包衬等。当我查看到该机的滚枕时，发现滚枕实在太脏，粘满了已经干结的油墨。我就问机长：滚枕这么脏，印版滚筒和橡皮滚筒还怎么接触？还怎么进行压印？该机长也顿时恍然大悟，连忙对滚枕进行彻底清洁，并更换新的油毡。很快，当我们再次开机印刷时，发现整体图文比刚才实在了许多，产品质量有了很大的提升。面对前后两种截然不同的结果，该机长在惊喜之余，也真正享受到了清洁保养给他带来的小小成功和快乐。

实际上，在一台大型印刷机中，需要清洁保养的地方真的非常之多，工作量也非常之大，不可能每天都来擦洗一遍，而且也没有这个必要。为此，我们在做清洁保养工作时，应该同润滑工作一样，根据实际情况，制订合适的保养计划，明确规定好每天、每周、每月的内容，并持之以恒地做下去，就会很好地完成清洁保养工作。在我们公司，关于清洁保养方面的计划内容如下。

（1）每天清洁内容

① 清洗印版滚筒及橡皮滚筒滚枕；

② 清洗橡皮布和压印滚筒表面；

③ 清洗计量辊、水斗辊；

④ 清洁前规及侧规上的检测电眼；

⑤ 放掉空压机内和高压气压表集水玻璃杯中的水；

⑥ 每次清洗完胶辊后，要清洗洗胶器，重点是附着在橡皮刮刀上的脏物，以及墨刀、墨斗片、墨斗三角夹版；

⑦ 擦净脚踏板；

⑧ 擦净机台表面油污、墨迹，清除废纸、杂物，打扫机台周围卫生。

（2）每周清洁内容

① 清洁飞达头、导纸轮、输纸线带上的压纸轮，压纸轮中心轴有生锈现象时，可以稍加一点机油；

② 清洁并检查机械式双张控制器是否灵敏；

③ 清洁侧拉规及其下面垫板中的脏污，否则会引起侧拉规定位不准确；

④ 检查墨斗片的磨损程度，注意及时更换；

⑤ 每周轮流清洁一个色组上的所有水、墨辊，并注意做好轴承润滑保养工作；

⑥ 清洁水箱、过滤网和水位检测器（图 2–12），并视水的污染情况换水；

注：清洗水位检测器时，要小心翼翼，轻拿轻放，稍有不慎，就有可能折断，如图 2–13 所示。

图 2–12　水位检测器

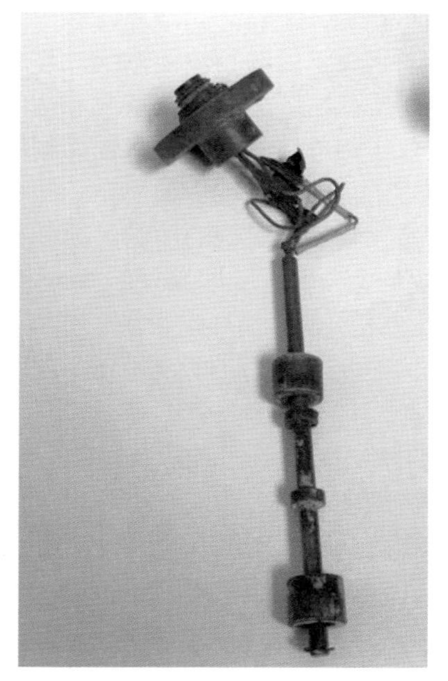

图 2–13　被折断的水位检测器

⑦ 清洁酒精润版系统上方的散热器（可用吹风吹或自来水冲洗），如图 2–14 所示；

⑧ 检查收纸链条油杯油位，清洁链条上黏附的喷粉及油泥，并手工加压一次润滑油脂；

⑨ 清理最后一组印刷单元压印滚筒与收纸链条交接处下方的粉尘、垃圾及收纸牙排、导纸板上的喷粉，疏通导纸板上的吹风孔，如图 2–15 所示；

图 2-14 酒精润版柜上方的散热系统

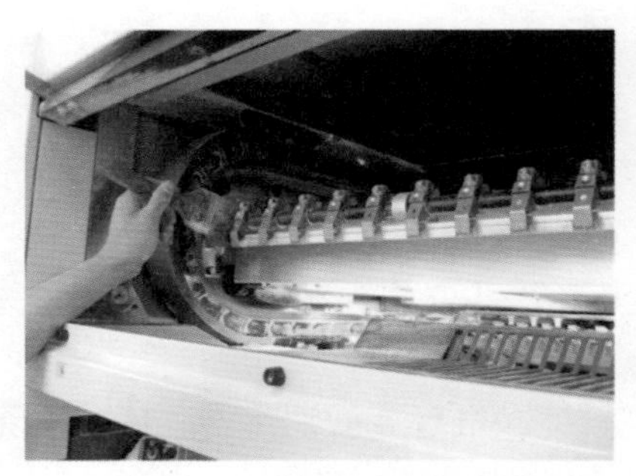
图 2-15 清洁收纸链条粉尘

⑩ 清洁喷粉装置上的空气滤清器；

⑪ 清洁气泵柜中的所有空气滤清器；

⑫ 清洁电柜中的空气滤清器；

⑬ 清洁收纸吸风减速轮，清洁各吸风装置的纸芯空气滤清器；

⑭ 清洁红外线干燥装置中的粉尘（千万小心，别碰坏玻璃灯管）。

（3）每月清洁内容

① 清洁飞达分气阀内部，尽量不用油洗，更不可加油润滑；

② 清洁飞达的送纸、分纸吸嘴内部活塞，并检查其上的橡胶圈，如有破损应及时更换，注意不可加油润滑；

③ 清洁飞达头上的凸轮传动系统，并对其表面抹点油；

④ 清洁并检查输纸板升降链条及飞达传送链条（飞达板下），并抹上润滑油；

⑤ 清洁各印刷单元水斗里的水位探测器；

⑥ 清洁计量辊和传水辊传动齿轮，并加油；

⑦ 清洁墨斗辊、吃墨辊的两侧污垢，并对油嘴加油；

⑧ 清洁传纸滚筒、压印滚筒、递纸滚筒及收纸牙排上的牙片和牙垫，并对油嘴加油（每周搞一个色组，依次循环进行）；

⑨ 清洁齐纸器，检查升降限位保险开关，并给吸风减速轮传动轴、开牙导轨等收纸部分的油嘴加油；

⑩ 清洁并检查上下水管道过滤网、自动吸收润版原液和酒精的插枪底部的过滤网，清洁检测酒精浓度的控制浮瓶；

⑪ 清洁收纸系统的压纸吹风风扇及吹风管，如有必要，可用铁丝疏通；

⑫ 清洁并检查各印刷单元的防护罩、保险杠、限位开关等安全防护装置，确保机器的安全性能。

（4）每半年清洁内容

① 拆下所有墨辊、水辊进行清洁，并检查表面状况及直径、轴头、轴承情况，加放润滑油脂，调整水、墨辊压力；

② 清洁每个印刷单元胶辊两侧的支架，并对其中的一些弹簧清洁加油；

③ 更换中央润滑系统的机油滤清器，清洁油泵外壳；

④ 更换中央润滑系统的机油（可每年更换一次）；

⑤ 清洁主电机上的灰尘，检查主电机碳刷，如碳刷磨损较多，可由电工来更换；

⑥ 检查所有气管的破损、漏气情况，对于橡胶老化严重的坏气管应予以更换；

⑦ 检查所有电磁阀及气缸的漏气情况，工作性能不可靠的可予以清洗、维修或更换，如图 2-16、图 2-17 所示；

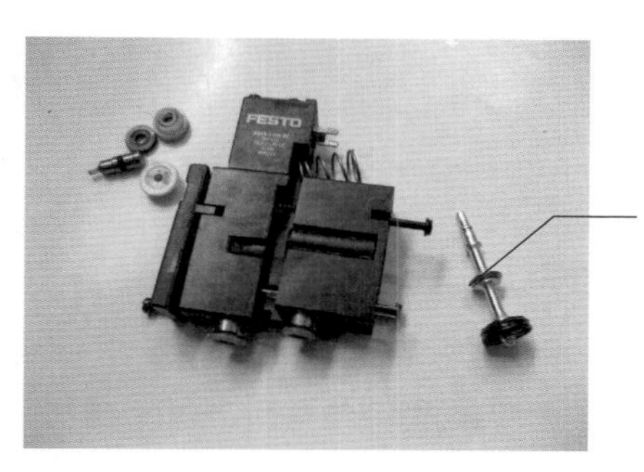

图 2-16　电磁阀阀芯漏气

图 2-17　气缸里的密封圈破损后易漏气

⑧ 清洁电气控制柜内各仪器表面的粉尘，清洁排风扇上的灰尘，该项工作应由专业电工来完成。

以上所列举的清洁保养内容，基本涵盖了机器的各个方面，如果我们操作者都能够按照上述保养的要求认真地去做，机器的运行状态就应该比较正常、出色，同时也会让操作者自己干得比较顺手、愉快！

2.3　关于进一步加强保养工作的思考

其实，关于设备保养方面的重要性，我们都可以通过机器的操作说明书、印刷专业方面的书籍、杂志或网络了解到；关于设备保养方面的制度，所有的印刷企业也都早已建立、健全。但在现实中，设备保养工作并不十分理想，由此引发的各类故障和事故仍时有发生，造成许多不应有的损失，常令人感到可惜。究其原因，主要在以下几方面。

（1）设备保养制度没有得到严格的执行。有的制度看起来很完善，但只落在纸上，挂在墙上，没有真正落实到实际行动上。

（2）对设备保养的重视程度不够。有些企业的老板或业务人员过分追求眼前的利润，不顾企业的生产能力，盲目承揽各类业务，生产部门为了保证交货，只好加班加点、日夜不停地干，就经常把设备保养时间不断往后推移，直至设备出现了故障才被迫停机维修和保养。

这样做的结果肯定是得不偿失，很容易把机器设备拼坏，把员工的身体拼坏。久而久之，就会打乱企业的正常运营秩序，设备保养制度就会形同虚设。大家都以为只要完成生产任务就万事大吉，产量越高，奖金就越多，这种现象在实行计件工资制考核的企业也许会更加严重。

（3）对设备保养后的结果，缺乏比较具体的评价标准，没有建立一系列的跟踪评价制度和奖惩措施。由于设备保养后的使用情况，要通过较长的时间来观察，不可能立即在设备运行中反映出来，不可能立即和员工的收入分配紧密挂钩，一旦设备出了运行故障，很难确定是不是操作者的责任。比如：针对一个损坏的轴承而言，既可以说是保养不良，也可以说是自然磨损，或者直接推定是轴承自身的质量问题等。凡是出了问题，大家都习惯性地认为设备有一些故障也是正常的，因为机器总是会老化、会磨损的嘛。正是基于这么一种认识，就会造成干好、干坏一个样，无法激励员工把设备保养工作做好。还有在奖金收入考核方面，产量的计算比重太大，保养的计算比重太小，甚至就没有。以上这些问题在大多数企业都普遍存在，相关管理部门应认真研究，早日加以解决。建议检查保养工作的好坏，可以年度为单位，以日常的原始保养记录为依据，结合各机台的产量、质量、维修费用、故障率等方面的情况，进行综合考量，奖优罚劣，适当加大保养方面的收入分配比例。只有这样，才能不断推动设备保养工作向前发展。

（4）部分机台操作人员，特别是机长缺乏工作责任心，导致被动式地、机械式地应付设备保养工作。从表面上看，该机台已经按制度的要求做了设备保养，但从结果来看，却不理想。因为这部分员工根本没有把设备看成是自己的饭碗，从心眼里并不十分爱护设备，只是迫于公司设备保养制度的压力，不得已而为之。抱着这样的工作态度，哪能把设备保养干好？

（5）部分机长缺乏相应的印刷知识和技能，不能较好地完成设备保养工作。有的机长刚上任不久，经验和技能都比较欠缺；有的机长工作作风粗糙，做保养时马虎、不细致；有的机长自以为是，野蛮操作，保养方法不正确；有的机长胆小怕事，怕承担责任，不敢拆卸机器的一些复杂部位进行必要的保养；有的机长不善于进行工作总结，不能吃一堑长一智，经常重复犯错等。曾有一家印刷企业请我去做培训，其中有机长反映其四开海德堡胶印机的产品套印不准，我立即去现场查看，并向该机长询问压印滚筒叼牙的润滑状况如何？谁知该机长竟回答说叼牙上没有油眼可以加油，近两年也从没有加过油。听罢此言，我非常吃惊，当即带领他们学习做润滑保养工作，很快就解决了故障。

正是由于上述各种原因的客观存在与相互影响、共同作用，以至于设备保养工作总是不尽如人意。但是，不论有多少客观原因，只要我们操作者，特别是领机，能够认真对待自己所从事的工作，以厂为家，爱护设备，就一定可以想方设法地利用各种机会把机器保养好。

当公司领导选聘我们担任机长，把一台价值千万元的设备交由我们操作时，是对我们莫大的信任与期盼，岂能有丝毫懈怠和麻痹大意？既然我们选择了这份工作，就应该认认真真、兢兢业业地做好，为企业多做一份贡献。工作意味着责任，每一个职位中都蕴含着一份沉甸甸的责任。责任的落实事关企业的生存与发展。一些领导将那些安于现状、不求上进、缺乏责任心的员工形容为“企业的蛀虫”，认为他们非但不能做出贡献，还极有可能给企业与社会带来危害、痛苦甚至是灾难。很显然，只有那些在工作中勇于承担责任、履行责任的人，才会被赋予更多的使命，才能为企业做出贡献，也才能得到应有的回报。

故障篇

机器在运行过程中总会产生各种各样的故障，操作者需积累相当丰富的实践经验，才能够应对自如。本章重点介绍其中的水路、墨路、纸路、印刷压力等方面的一些故障，以及产生该故障的原因和解决方法，以尽快恢复正常生产。

- 规范化操作，减少故障率
- 仔细分析，查找故障源头
- 积累经验，快速排除故障

本文在讨论胶印故障之前，仍要再次强调对机器规范化操作的重要性。依我看来，只要机长和其他操作人员在平时工作中真正地爱护机器、正确地操作机器，那机器的故障率就会大大降低，工作质量和效率就会稳步提高。但非常可惜的是，有许多机长似乎并不懂得这个道理，结果使问题越来越多，越来越离奇，也就迫使机长不得不每天愁眉苦脸地忙于解决各种层出不穷的故障，累得一副狼狈不堪的样子。这样的机长似乎看起来工作很辛苦，很卖力，甚至会得到一些不懂技术的领导夸奖，这真是让人感到可笑、可悲。

当然，在每天的具体印刷过程中，即使我们都能够按照机器规范化操作的要求进行生产，各种各样的故障也会时有发生，不可能完全杜绝。这就需要操作者能够不断提高操作水平，不断积累经验，迅速地研究解决问题。

众所周知，胶印主要是根据油水不相溶的原理来进行印刷，涉及物理和化学方面的许多变化，特别是现代胶印机都向着高速、多色、自动化方向发展，科技含量越来越高，生产过程中经常会因为机械、工艺、环境、原辅材料、操作等各方面的问题，不断出现各种各样的故障。特别是在机器使用一定年限后，由于机器逐渐磨损，精度日益下降，其中包括机器的齿轮、凸轮、轴颈、轴套、轴座、轴承、滚枕、链条、导轨、叼纸牙等，甚至有些老机器的压印滚筒也会磨出明显的凹槽。这类故障既和保养有关，也和各部件的加工质量有关，不能一概而论。但不管怎样，只要我们规范操作，认真保养，总可以避免许多不该发生的故障。

胶印机结构复杂，印刷工艺要求高，印刷材料的质量千差万别，由此引起的故障也是层出不穷。一般操作者学会开机器容易，但学会排除故障却很难。因此，我们有必要学会掌握排除故障的基本方法，才能在遇到问题时少走弯路或不走弯路。

（1）分析法

根据故障产生的时间、部位、条件、形状四个方面进行分析的方法，将这四方面的主要因素逐项排列，综合分析，许多故障就会迎刃而解。

（2）检测法

就是利用放大镜、密度仪、千分尺、百分表等工具，如图 3–1 所示，对故障进行观察，对机器各个部位进行检查和测量，从而找出故障的原因。常用此法来观察网点的虚实、滚筒的串动、零部件的磨损程度等。

图 3–1　检测工具

（3）试验法

就是通常所说的“试试看”。当操作者怀疑使用的纸张、油墨、版材、胶辊、橡皮布等材料方面，或机器的某个吸嘴、气阀、电磁吸铁等零部件有质量问题，导致印刷故障的发生时，完全可以进行更换试验，快速查找原因，排除故障。虽然采用试验法的耗时较长，容易走弯路，但一旦取得成功，操作者不仅积累了经验，而且也提高了技术。

总而言之，当出现故障时，应当冷静思考，多和周围同事商量，特别是多向老师傅们请教。只有在思路清晰，方法正确的情况下，才能以最快、最有效的方式排除故障，才能不断提高自己的操作水平。

但在日常工作中，却总有些自以为聪明的机长，在解决故障时，总是手忙脚乱，不得章法，把个好端端的机器弄得浑身是病，始终不能印出好产品。一旦遇到问题，就推说是纸张不好、油墨不好、胶辊不好，甚至怪天气不好，就是不肯虚心学习，不肯向别人请教，这样的机长自然无法长进，自然要被淘汰。曾经有一次，某机长发现飞达一侧输纸偏慢时，却在后面的接纸轮、输纸线带或压纸轮上借助压力来加以校正。这种做法，实际上是错上加错，很容易把机器越调越乱，把问题越搞越复杂化。

为此，特别强调在解决故障之前，应当注意遵循这样一个原则：在上一个环节出现故障时，不要靠下一个环节校正。不管我们排除哪类故障，都必须要找出故障的源头，才能加以调节或者维修。

由于胶印技术的复杂性，各种各样的故障实在太多，本文既不可能、也没有必要一一重复讲述复杂的理论知识，只能着重讨论其中一些操作中比较有代表性的，或者隐蔽性很强的故障，侧重于实战和灵活处理，以帮助大家快速解决在生产实践中经常遇到的一些问题。

3.1 输纸故障

看好飞达头，保证连续稳定地输出纸张，是印刷操作者的必备技能之一。飞达的结构看似简单，比较容易掌握，实则不然。影响飞达正常工作的因素很多，可调范围广，最讲究灵活和实操性，一般操作者没有几年磨炼，还真对付不了这方面大大小小的故障。归纳起来，主要有如下几点。

3.1.1 双张或多张故障

造成双张、多张的原因很多，主要表现在以下方面。

（1）切纸刀不锋利，犹如把纸张裁切边轧断下来，纸张切口自然有粘连现象。

（2）辅助工装纸时，只会用死力气搬，却不会将纸张抖动、松透、闯齐，纸张之间没有足够的空气进入，难以分开。

（3）压脚压进纸堆太少，压不住下面的纸张。

（4）压脚前端长时间磨损变薄，当其下落时，前端压力轻，后端压力重，使作用力的方向发生了变化，既有向下的压力，又有向前的推力，把纸张逐渐向前推移，产生双张或多张。

（5）纸堆过高，纸张越过了挡纸板，使挡纸板失去了应有的作用，产生双张或多张。

（6）分纸毛刷、弹簧钢片和承印的纸张厚度不合适，或调节不正确。

（7）分纸吹风风力太小，不能有效吹松纸堆表面的 7 ~ 8 张纸，而风力太大，又会吹跑下面的纸。这两种情况都容易产生双张或多张。

（8）分纸吸嘴距离纸面太近，下落时很容易把本来已吹松的纸张又压紧，吸起双张或多张。

（9）印刷薄纸时，分纸吸嘴吸风太大，吸起双张或多张。

（10）纸张正面印刷时，油墨未完全干透、水量太大产生的水点、橡皮布拖梢不及时清洗产生的墨点、喷粉量偏小产生的油墨透印等原因，使上下纸张有粘连现象。

（11）纸张带有静电，吸附在一起难以分开。

（12）机械式双张控制器太脏或生锈，转动不灵活，即使遇有双张，滚轮抬不起来，就不能触碰微动开关，把双张拦截下来。

解决方案

（1）切纸刀要及时更换，保持锋利。

（2）装纸时两手要捻住纸角，用巧劲抖、松、闯，使纸张既透气，又齐整。

（3）严格按照规范化操作的要求，正确调节压脚、分纸吸嘴、分纸簧片、毛刷和纸堆高度；正确调节压脚、分纸吸嘴的风量；对于磨损严重的压脚应及时予以更换。

（4）印刷过程中要勤洗橡皮布，控制好水墨平衡，根据墨层厚度、纸张性质、环境温湿度等情况，准确调节好喷粉量，使印下来的半成品不会粘脏；

（5）对于带有静电的纸张，可以开启机器配备的静电消除器。如效果不太好，再想办法增加车间的相对湿度和纸张的含水量，改善纸张的导电性能，使静电得以释放。平时主要采取纸张吊晾调湿、地面洒水、适当加大版面供水量、在输纸钢板两侧放置湿毛巾等多种办法。

（6）经常对双张控制器滚轮用除锈剂进行清洁，使其转动自如，能够非常灵敏地对双张进行检测。

故障实例分析：双张控制器失效故障

最近，我们公司三号机台的产品经常有双张故障，不断受到下道产品检验人员的投诉，但机台人员都认为是机器太老、滚轮磨损、灵敏度不高造成的。

为了找到故障的原因，我们故意把双张控制器的从动轮放低，使其和检测轮靠在一起，然后打开飞达走纸。结果发现布带轮带着中间的检测轮在同步运转，但检测轮却不能带动从动轮有一丝转动，从而就不能触碰微动开关，使飞达停止运转，如图 3–2 所示。看来，造成双张控制失效问题的根源就在从动轮不灵活。于是，我们用除锈剂冲洗从动轮的轴承，待其彻底清洗干净后再次进行测试，结果显示双张检测恢复正常。

图 3–2　双张控制器从动轮（上）和检测轮（下）

3.1.2　纸张歪斜故障

纸张歪斜是输纸故障中最突出的重点故障，经常搞得有些机长实在没办法，只好被迫降低机器速度，产量和质量都受到影响。究其产生的原因，确实比较多，没有丰富的经验，还真不容易解决。在纸张歪斜故障中，常见的原因主要有以下几个部位。

（1）飞达头部位

① 两只分纸吸嘴距纸面高度不合适、分纸吸嘴和纸张表面的角度不合适、分纸吸嘴内部的弹簧折断或活塞脏污、分纸簧片和毛刷压纸太重、吸气量不一致、橡胶吸皮不合适等，使输纸从开始的第一步就有可能产生歪斜。

② 两只递纸吸嘴的前后、高低位置不一，吸力大小不一，距纸面高度不当，吸嘴内部活塞脏污，橡胶吸皮不合适。

③ 纸堆表面不够平整，有高有低，或者半边高半边低，使吸嘴、压纸脚、压纸簧片以及挡纸板高度等都难以调节。

④ 纸堆相对于挡纸板过高，某一边纸角飘过挡纸板，过低，纸张会被挡纸板刮歪。

⑤ 分气阀芯纸灰多，堵住了出气口，使得分气时间有所不对。

⑥ 松纸吹风一边大，一边小。

⑦ 压脚安装歪斜或半边出气口堵塞，只能往一边吹风，致使上、下纸张不能同时分离，影响递纸吸嘴准确送纸而产生歪斜。

解决方案

① 加强对飞达头各部位的保养。

② 规范调节飞达头各部位的高低、前后、左右位置。

在此基础上，还要根据具体的情况灵活加以调节。

故障实例分析：递纸吸嘴不平行导致出纸歪斜故障

有一台小森LS40四色机出现输纸歪斜故障，印品中间的十字线不齐，机长一时解决不了，只好降低机速印刷。第二天，我立即上机了解情况，发现递纸吸嘴递给接纸轮的纸张就是不稳定，有时朝一边歪，说明问题应该在两只递纸吸嘴上。再查看递纸吸嘴的调节，好像没有多大问题，于是再把机器停下来，用手去轻轻摇动，感觉晃动有点大。当时心里想：可能是某个连接杆或轴套之类的有些松动，两只递纸吸嘴不在同一条线上，出纸就有快有慢。由于一来生产很紧张，二来这类故障可以暂时缓一下修理，我就简单地对有关运动部位润滑一下，再临时采用几根橡皮筋将较快的一边吸嘴拉住，然后开机印刷。结果非常奏效，输纸歪斜故障就真的不再出现，一直等到书刊大忙结束后，才对该部位进行维修。

（2）接纸轮

① 两只接纸轮的压力轻重不一。

② 接纸轮的外表或内孔磨损、撑簧生锈、撑杆支架磨损等，其高速运转时，对纸张的压力产生无规律的变化，使纸张瞬间歪斜。

解决方案

加强保养，正确调节接纸轮的压力，发现问题要及时维修或更换。

（3）输纸板

① 输纸线带焊接不对齐、松紧不一、张紧轮有磨损等，使输纸线带速度不一或位置偏移。

② 输纸轮对纸张的压力调节不一致，个别输纸轮有磨损，转动不灵活，压力一会儿轻，一会儿重。

③ 输纸板上有脏污，造成纸张歪斜。

④ 输纸板上的线带轴因缺油而转动不灵、因轴向磨损而来回串动等，使纸张经常歪斜。

解决方案

对于输纸线带的张紧、输纸轮压力的调节以及其磨损方面的问题，只要稍加检查和保养，就可以轻松解决。唯独输纸板上的线带轴问题隐藏较深，平时根本就不容易发现，一定要用手试着摸和转动，才能发现问题，并迅速解决。

故障实例分析：输纸线带轴转动不灵导致输纸歪斜

一次，有机长向我反映机器一旦加速，纸张就歪斜。我过去调试了一阵子，没有效果，心里也感觉挺奇怪，后来就干脆把机器停下来，把相关部位用手摸一遍，才发现一根线带轴上因多加了一只厚厚的垫片而转动不灵。经过询问才知道，是该机长为了解决线带轴的串动问题而加的，但万万没有想到却把线带轴夹住不转了。后来，我们更换了一只薄一点的垫片，一切恢复正常。

（4）拉规及前规

① 拉规下的垫板因脏污超出输纸板平面、拉规盖板抬起的高度不够，纸张不能顺利通过，使纸张歪斜。

② 纸张到达拉规时，拉规球尚未抬起，使纸张歪斜。

③ 前规的高度不够或不一致，或纸张叼口本身有荷叶边，高低不平，使纸张不能顺利通过。

④ 前规上方的平纸钢片压得太高，纸张叼口会碰前规压舌，太低则无法通过，都会阻碍纸张传输。

⑤ 纸张到达前规后，出现回弹而歪斜。

⑥ 输纸机构与主机不平行，两边距离不相等，导致纸张进入机器时，始终有歪斜。

解决方案

① 规范化调节飞达出纸时间，保持拉规清洁，根据纸张的厚度正确调节拉规盖板的高度，使纸张顺利通过。

② 规范调节前规的高度并保持一致，纸张叼口有荷叶边时，一方面可用平纸钢片压住翘起的叼口部分，另一方面可以适当抬高前规高度，使纸张顺利传输。

③ 纸张到达前规时，输纸线带上的压纸轮应刚好离开纸尾，毛刷轮应刚好压住纸尾一点点，且压力要恰到好处，既不让纸张失控，又不让纸张回弹而发生歪斜。

④ 当发现输纸机构与主机不平行造成纸张歪斜时，操作者不要擅自乱调，应报告设备主管部门，由专业人员来调节。

3.1.3 纸张拖梢破口故障

有时候，当我们非常顺利地印完正面再打反继续印刷时，却突然发现印品的拖梢有许多破口，顿时会非常懊恼和沮丧。这类故障多见于 $100g/m^2$ 以下的胶版纸，也有可能发生于较厚的铜版纸中。究其原因，主要有以下几个部位。

（1）压纸脚

① 压纸脚伸进纸堆太多，当压纸脚抬起或下落时，将纸张边缘碰破。

② 压纸脚吹风太大，容易把较薄的纸边吹破。

③ 分纸吸嘴吸起纸时，中间不平呈圆弧状凹陷，当压纸脚下落时，又踩住纸边，把纸踏破。

④ 压纸脚机构上的控制凸轮、轴套有不同程度的磨损，工作时间不对，使纸边踏破。

解决方案

关于压纸脚方面引起的纸边破口现象，前面三个问题比较简单，都应该可以得到解决，只有最后一个问题比较复杂，既不容易发现，也不容易解决。为了加强理解，现通过该方面的故障实例来加以说明。

故障实例分析：压纸脚踏破纸张拖梢故障

不知从什么时候起，我们公司的一台小森四色胶印机在承印胶版纸时，纸张的拖梢总是有破口，纸张越薄越严重，尽管该机长比较注意，想方设法进行调节，但还是不能完全避免。有一次，在采用80g/m^{2}的轻质纸印刷时，由于这类纸张质地松、强度差，拖梢破口现象更为严重，根本就无法生产下去，只好停机检修。当时，我们通过和其他几台机器进行比较，反复分析讨论，怀疑很可能是分纸吸嘴和压纸脚的时间关系有问题。于是就慢慢盘动飞达手轮，仔细观察分纸吸嘴和压纸脚的工作过程，发现当分纸吸嘴刚吸起纸时，压纸脚尚未抬到最高点，略微碰刮纸边。就这么轻轻一吹碰刮，纸边还没有产生破口，但可以想象，机器一旦高速运转，纸边破口现象肯定会有。

产生故障的原因已经找到，接下来大家就讨论该怎么维修。毫无疑问，造成分纸吸嘴和压纸脚的时间跑位，肯定是相关零部件松动或控制凸轮磨损。经过进一步检查，相关零部件基本没有松动，那只能是控制凸轮磨损的原因。由于这种凸轮一时加工不了，也不可能立即买到，况且生产时间也耽误不得，怎么办?

大家思考了很久，一致认为可以直接把控制凸轮上的定位销拔掉，朝前借快1～2mm，使压纸脚提前抬起，不再碰刮纸边，最后采用止头螺丝重新定位即可。该方案经领导同意后，立即付诸实施。很快，我们就完成修理工作，重新开启飞达输纸，经过查看，纸边破口现象基本消失，结果令人非常满意。

（2）压纸簧片或毛刷

如果压纸簧片或毛刷材料太硬，伸入纸堆过多，压入纸堆的角度、高度不合适，纸张又薄又脆的话，那就会导致产品的拖梢出现严重的破口现象。

解决方案

对于这方面的故障，广大操作者切不可掉以轻心，平时都要根据不同的纸张进行相应的调节，养成良好的习惯。否则，别说是80g/m^{2}以下的薄纸，就是200g/m^{2}的铜版纸也会压破。但是，如果确实不是调节问题，而是纸张本身又薄又脆造成的话，那就难以处理，得采用一些特别办法，请参考下面的故障实例。

故障实例分析：解决纸张易破口的临时办法

去年冬季，我们公司承印《小学练习与测试》一书，用纸为60g/m^{2}的胶版纸，由于该纸太薄，两台机器的操作人员都同时反映产品的拖梢部位破口现象比较严重，没有办法再继续生产。针对这种情况，我们首先仔细分析其中的原因：

（1）纸张确实又薄又脆，容易产生破口；

（2）测量车间内的相对湿度，惊讶地发现只有 20%，非常干燥；

（3）大家不习惯印刷薄纸，飞达方面的调节多少存在一些问题，比如，压纸簧片或毛刷材料太硬，压入纸堆太多，就特别容易把纸刮破。

根据上面的分析，我们立即采取措施。首先对机台周围洒水，尽量提高空气湿度；然后再对飞达进行精心调节，适当降低印刷速度。就这样搞了好一阵子，纸张破口现象略有好转，但并不能完全根除。于是，我们再次测量车间内的相对湿度，结果只比原来提高了 2%，还是太干燥。由于我们车间跨度很大，所有机台之间没有隔离，不具备恒温恒湿条件，怎么办呢？就在大家一筹莫展之际，我突然想到了一种浇花用的人工加压喷水壶，可以远远地对着纸堆的拖梢喷洒水雾。如图 3–3 所示。

图 3–3　水壶喷洒水雾加湿法

通过喷洒水雾，可以迅速地增加纸堆周围空气的湿度，提高纸张的含水量和抗张强度，使纸张纤维有一定的柔韧性，不再容易撕纸、破口。试验结果表明，这种土办法比较方便、快捷、有一定效果，但是要运用得当，不能直接把纸张喷湿，稍微有些水雾即可。

当然，这是一种无奈之举，最根本的措施还是要优化印刷车间设计，只有做好温湿度控制，保持适宜的生产环境，才能降低故障率，提高产品质量。

3.1.4　空张或停顿故障

主要原因

① 分纸吸嘴距离纸堆太高；分纸吸嘴倾斜角度过大，与纸张表面不平行，吸不到纸。

② 分纸吸嘴活塞磨损漏气，气泵风力下降，吸不动纸。

③ 吸嘴橡胶皮卷曲、破损漏气。

④ 压纸簧片、毛刷压入纸堆太多，分纸吸嘴虽然能够吸住纸，但又被簧片刮掉，而吸不到纸。

⑤ 分气阀、吸嘴活塞脏污，堵住了气眼。

⑥ 分纸吸嘴内部小弹簧折断，使分纸吸嘴不能快速回落完成吸纸动作。

⑦ 压纸脚吹气不足。

⑧ 机械方面的原因。诸如：控制分纸吸嘴、递纸吸嘴和压纸脚的凸轮磨损，飞达传动链条抖动，变速输纸装置中的变速齿轮磨损，滚针轴承损坏，万向轴连接头磨损，销子折断等。只要有这方面的问题存在，机械配合时间就不对，输纸就会出现空张、停顿现象。

解决方案

首先要加强保养工作，定期对气泵、飞达部位进行润滑、清洁，定期疏通气路，对一些老化的气管及时进行必要的更换，确保气路畅通，使吸嘴始终保持足够的吸力。同时要仔细琢磨，精心调节各个相关部件，使其达到最佳工作状态。对于各种机械方面的问题，建议广大操作者，尤其是一些经验不够丰富的机长，不能抱着试试看的心理私自乱拆，以免损坏机器，引起更大的麻烦。应积极配合机修人员查找原因、解决问题。

故障实例分析：分纸吸嘴内部弹簧折断导致纸张歪斜

某台机器的输纸飞达经常出现空张故障，机长就怪这白板纸太厚，吸嘴根本吸不动，不能印刷，就喊我过来查看究竟。起初我一眼发现分纸吸嘴的角度调得不对，呈倒八字形。其实这种角度只适用于印刷胶版纸、铜版纸等较薄的纸张，却不适用于白板纸。于是，先把分纸吸嘴和纸张的角度调成垂直状态，然后再开机印刷，可结果还是不太理想。经过一阵子的仔细观察，我感觉分纸吸嘴好像有点抖动，就停机拆下分纸吸嘴检查，发现里面的弹簧略微短了点，如图 3–4 所示。

经向机长询问，他们说原来的弹簧断了，就临时换了一只。不用说，问题就出在这里。因为当分纸吸嘴向上吸完纸后，弹簧就立即把吸嘴撑开向下吸第二张纸，如果此时弹簧短了一截，那这个动作就有点滞后，就会引起空张故障。于是，重新换上一只比较合适的弹簧，再次开机印刷时，故障得以排除。

图 3–4　弹簧不合适

3.2　水路故障

20 世纪 80 年代，进口的四色胶印机都是采用间歇摆动式输水方式，水辊表面要包一层绒套。由于该绒套是纯棉织物，不可避免地产生大量的绒毛纤维，不断地黏附在橡皮布、印版或胶辊上，严重影响产品质量。如今，随着科学技术的飞速发展，酒精润版系统早已取代了传统的润版方式，产生水路方面故障的原因、表现形式和解决方法也已完全不同。

3.2.1　压缩机经常不制冷或制冷效果差

主要原因

① 压缩机上方的散热片沾满了灰尘，通风不畅，散热不良。

② 排气风扇不工作，导致散热片无法散热。

③ 压缩机里的制冷剂不够，压缩机无法启动或制冷效果差。

④ 水循环冷却时，进入热交换器的水流量不足。一旦水流量不足，水管中的流量检测感应器（鸭蹼式形状）就不能接通，如图 3–5 所示，压缩机就无法启动。

解决方案

要想保持水箱系统的正常工作，我们唯一的办法就是要在日常工作中加强保养。

① 要切实加强水路循环系统的三道过滤措施，即进水口过滤、出水口过滤、回水口过滤，尽量保持水里没有杂质和油污，并经常清洗或更换过滤网。只有这样，水箱才能保持畅通，有效保证压缩机的制冷效果。

② 定期对散热器用高压气枪除尘，特别是在炎热的夏季，更要多搞几次清洁，切实保

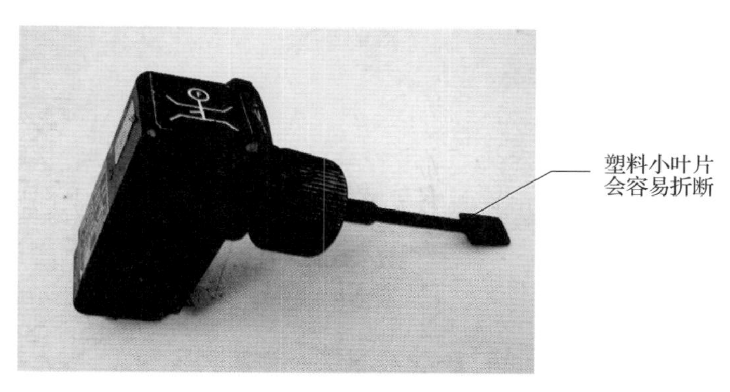

图 3–5　流量检测感应器

证其有效地散热。

③ 水管中的流量检测开关中的塑料小叶片经常被水流冲刷，有折断的可能，导致检测开关不能接通，压缩机就能不工作。如有这种情况，可用 AB（俗称哥俩好）胶水粘贴起来，继续使用。

④ 如操作者怀疑压缩机制冷剂不足，应请制冷专业技术人员检测并补充。

故障实例分析：水箱制冷系统中冷热交换器的改进

从 1986 年开始，我公司曾先后引进五台海德堡多色胶印机，许多老机器已使用十年以上。其中有台老机器的水箱制冷效果越来越差，尽管压缩机一刻不停地拼命工作，但水温仍然降不下来，有时已超过 20℃，使印刷工作越来越难以进行。经反复检查分析故障的原因，我们判断问题就出在水箱热交换器上。由于热交换器经长年使用，内部肯定有污垢并导致堵塞，水流不能畅通，冷热交换就无法进行，而且该热交换器也确实已经腐蚀，不能再用，必须重新购买。

此时，我想起曾经在《印刷技术》上看到过一篇由山东新华临沂印刷厂朱伟老师写的关于“胶印机水箱制冷系统改造”的文章，里面就有这方面的介绍。我们立即依葫芦画瓢，请来维修空调的师傅，将水箱热交换器改成盘状的紫铜管，埋入水箱液面以下，然后和压缩机上的铜管连接起来，直接在水箱里面进行循环制冷。

经过这么一次巧妙的改造，制冷效果还真不错。此次改进，不仅节省了近万元的维修费用，还能方便清洁和更换，即使出现突发性故障，也可以随时请空调师傅进行抢修。

3.2.2　不自动吸酒精或润版液

主要原因

① 自来水压力不够，达不到 2.5kg/cm^2。

② 通过水泵进入酒精混合桶的水管被棉絮状的杂质堵塞等，使自动吸酒精或润版液装置不能有力地抽取。

③ 吸酒精或润版液的枪头没有插好，或枪头上的过滤网有堵塞现象。

④ 自动吸润版液塑料装置阀体被水中细黄沙等杂质磨损，自身封闭性能下降，当自来水通过时，不能产生吸力抽取润版液。

⑤ 酒精混合桶中的电磁阀阀芯生锈，不能打开通道自动吸入酒精。

⑥ 酒精混合桶底部堆积了厚厚一层粉状的杂质，酒精比重瓶不能下沉，或检测酒精比重感应器没有插正，都会误导吸酒精装置不灵。

解决方案

使用自动吸酒精和润版液装置的关键就在于清洁。我们要着重加强水循环系统中各个环节过滤，并始终保持清洁，只要正确使用，就会减少故障的发生。关于酒精桶中电磁阀打不开的问题，可以用手触摸电磁阀，如没有动作，就应拆开查看，清洗阀芯。如果实在不行，就应请电工维修。

故障实例分析：自动吸润版液装置为何有黄沙？

去年初，我公司引进了一台海德堡五色胶印机，使用不到两个月，就发现润版液装置不再自动吸取润版液了。当时大家都感到很奇怪：几台老机器都能正常工作，怎么新机器就不行呢？由于新机器处于保修期内，在征得海德堡机器供应商的同意后，我们把吸润版液装置拆开，如图 3–6 所示。发现在这套装置中，有很多细小的黄沙，把塑料阀体内壁磨出一道道划痕。当我们清洗完黄沙，重新安装后，该润版液装置已根本不可能恢复工作。面对这种情况，大家都在想：这该死的黄沙从哪来的？怎么就钻进去了呢？水箱系统本身不是有过滤网吗？经过仔细分析，一致认为是新接通的自来水管里含有杂质，施工时没有想到清除，再加之自来水里确实含有细小的沙粒，完全可以通过机器本身的过滤网，进入润版液装置，磨损阀体，使润版液无法通过虹吸原理吸进水箱。唉，一小撮黄沙，就让公司损失了万把块钱，确实有点冤枉。为了吃一堑，长一智，我们赶快在各机台的水箱进水口加装了一套比较简单实用的过滤器，坚决避免此类故障的再次发生。

图 3–6　吸润版液装置分解图

3.2.3　水泵不上水或上水压力太小

主要原因

① 水箱里水位太低，水泵不能上水。
② 回水箱里水位太高，或虽然水位不高，但感应器脏污，误报信息，使水泵不能上水。
③ 水泵进、出水口过滤网被棉絮、纱布等污物堵塞，上水压力会减小。
④ 与压缩机相连的热交换器内壁结垢增厚，水流无法顺利通过，上水压力会减小。
⑤ 分送到各个机组水斗槽的上水管内壁因结垢增厚，水流无法顺利通过，上水压力会减小。

⑥ 水斗槽里出水孔被污物堵塞，水流也无法顺利通过，上水压力会减小。

⑦ 水泵电机本身质量不好等问题。

解决方案

关于水泵上水压力方面的故障，应从上述七个原因中仔细分析查找，基本都是由于长期清洁不到位引起的。由于水箱方面的清洁工作比较特殊，都在各个管道的内壁上，让人看不见、摸不着、擦不到，很难彻底解决。这就要求我们在平时的工作中，坚决把好水路系统的过滤关，同时要定期用专门的管道清洗液对水箱进行循环清洗，消除各种污垢，尽量保持水路畅通。

故障实例分析：水斗槽里的水位为何太低？

有一次生产大忙季节，有一台四色机的机长反映水泵出水慢，水斗槽里的水位太低，里面的水位感应器经常报警停机，严重影响生产，如图 3–7 所示。

刚开始时，这台机器上的两位机长分析认为是书刊胶版纸的质量太差，纸质太松，纸粉太大，导致水箱里的水混浊不堪，水泵出不来水。每当出现故障，他们就对水箱进行清洁，换一次水。每次换水后，故障就会减轻许多，但过不了两天，又不行了。如此反复几次，大家当然感到太累，不仅影响工作情绪，也影响产品质量。面对这一现象，我和机长们多次进行认真分析，一致认为：不管纸张有多差，不至于这么快就把水箱堵塞，何况换过水以后，水流量也不正常，必须要对水箱各个环节进行彻底的检查。

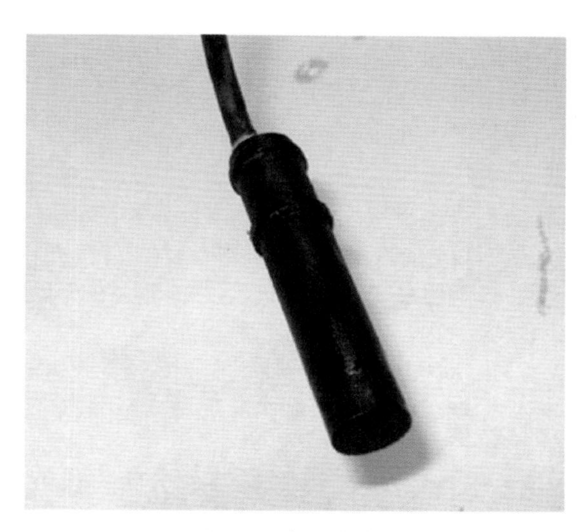

图 3–7　水位感应器

我们先对水泵进水口、过滤网、出水口进行检查，没有发现问题。再对各个色组的上水管道拔开检查，发现水流量较小，有堵塞现象。于是，大家一起动手，把水管全部拆下来进行清洗疏通。清洗时，我们每个人都被眼前的事实惊呆了。在每一根水管中，都积满了各种污垢渣滓，几乎把水管堵死，难怪水泵打出的水上不去呢。经过近三个小时的努力，我们终于把所有水管彻底搞好，机器恢复正常。

这台机器进厂已有 12 年，这是我们第一次对它做水管清洁工作。起初，我们根本想不到外表干净的塑料水管内壁会有这么脏，堵塞得如此严重。看来，我们今后应该购买管道专用的清洗液，对管道进行定期清洗。只有确保水路通畅，才能调节水墨平衡，才能保证产品质量。

3.2.4　脏版

胶印的基本原理就是水墨平衡，而把握水墨平衡的关键因素就是水。我们在印刷过程中，如果发现水分过大，一般通过电脑控制水斗辊的转速，减少供水量即可；如果发现水分过小，出现脏版的现象时，却不能简单采用加大供水量的办法。因为导致脏版的因素实在太多，必须根据实际情况，具体分析和解决。一般情况下，主要有七个方面。

① 润湿液里面的水、酒精和润版液的含量不对，润湿印版的效果不理想。

② 浇铸水辊的橡胶材料不好，亲水性能差。

③ 水辊之间的压力调节不当，有轻有重，造成各个水辊之间不能准确传水。

④ 水辊表面脏污，传水性能大大下降。

⑤ 水辊表面凹陷不平，传水量不均匀。

⑥ 水辊的同心度差，运转起来失圆，有跳动现象，传水的稳定性差。

⑦ 生产车间环境的温度高，湿度低，供水量整体偏小。

解决方案

根据上述引起脏版的原因分析，我们必须着重做好以下工作。

① 确保水中的酒精、润版液的含量分别在12%和3%左右，如果把这个数据确定下来后，就应该经常检查，保持不变。尽管现代化的酒精润版系统可以把酒精、润版液和水进行自动配置，但如果使用不当，其配置的数据就不准确，就会引起脏版故障。

② 在日常工作中，每天要用水辊清洗剂或酒精对水斗辊和计量辊擦洗一遍，时刻保持水辊表面的清洁，保持良好的传水性能。

③ 严格按照本书操作篇中有关水辊调节的要求，规范化调节水辊之间的压力，确保水路的良好传递。

④ 更换同心度差，运转有跳动，表面有凹陷的水辊。尽管我们操作者没有仪表检测，但我们可以通过“听”和“看”的方式进行判断。凡是表面有凹陷，运转起来有“咕噜咕噜”声响的水辊，都要更换。如果实在无法判断，可以把前后两组的水辊互换一下，进行比较分析，就会查到真正的原因所在。

⑤ 对于上水量整体偏小的问题，只要增加水斗辊转速，加大供水量即可。但如果是局部脏版的情况，就不能采取这种简单的办法了，否则又会出现局部水量偏大的新问题。

故障实例分析：供气压力不足引起的脏版现象

有一次，我们在抽查2号小森四色机的产品质量时，发现第四色组有比较轻微的脏版现象，于是决定对该批产品进行全面的质量大检查。检查中发现：脏版现象不太严重，但有一定的规律，大约每隔两千多张就重复出现一次，都是从产品的叼口到拖梢有断断续续的油墨脏迹。经向机长询问，该故障已有一个星期以上，不管他们如何调节水辊，就是解决不了。

干印刷这么多年来，我们大家都是第一次碰到这种现象。为了查个究竟，决定再次将机器的输水装置一一拆下来，按照规范化操作的要求重新安装、调节一遍，结果却没有一点点好转。没办法，只得安排机器先慢慢干活，自己则拿个手电筒对着水辊部分仔细观察。过了一会儿，发现靠版水辊轴座有较明显的抖动现象。我和大家一起分析，认为是控制靠版水辊落下的活塞气缸坏了，撑杆力量不够才造成的抖动，需要更换气缸。可谁也没想到，换上一个新的气缸后，还是不能解决故障。

问题究竟出在哪里？根据气缸抖动的现象，我们把矛盾的焦点转移到了供气压力上。观察空气压缩机上的压力表数据，发现其压差范围在0.55～0.9MPa，其最低压力值低于该机器规定的0.6MPa标准。显然，当空气压缩机的供气压力低于0.6MPa时，机器中的气缸压力下降，撑杆力量不足，从而导致其控制的靠版水辊机构有所抖动，不能可靠地和印版进行接触，就会产生脏版现象。

好不容易找到故障的真正原因，大家都非常开心。很快，我们对空气压缩机的压差范围重新确定，把压力开关的下限压力值调整为0.65MPa，以满足机器正常工作的压力要求。自此以后，这种断断续续的油墨脏版现象终于得到了彻底的解决。

3.2.5 水杠

水杠的定义：产品某区域内的网点，发生不规则的缩小，墨色变浅，构成一条明显的浅色条痕。

相对于墨辊而言，水辊十分娇嫩，稍有不当，就会产生水杠，产生水杠的主要原因如下。

① 水辊的齿轮磨损，轴承质量差，有抖动现象。

② 水辊加工的同心度差，外圆跳动大。有些胶辊厂的质量检测手段落后，其生产的胶辊根本就不能使用。我们就曾检测过刚安装的新水辊对印版不同位置的五个压杠，发现其相差近2mm，结果就把这批胶辊全部做退货处理。

③ 水辊的轴头、轴座磨损过大。当水辊使用时间久了，或因润滑不良使水辊轴头、轴座发生磨损情况时，在水辊转动过程中，其在版面产生跳动或滑动弊病，产生径向跳动，使其在印版上形成水杠。

④ 水辊之间的压力关系调节错误，不能均匀传递水分，当机器高速运转时，容易因滑移产生水杠。根据我的经验，凡是距印品叼口11.5cm处出现水杠的海德堡CD102机器中，绝大部分都是因为计量水辊对印版水辊压力偏轻，水膜层偏厚的缘故。

⑤ 靠版水辊对印版的压力过大。当靠版水辊与印版间的压力太大，经过印版滚筒空挡缺口部位时，就会加大对印版叼口部位的冲击力，使印品叼口附近产生水杠痕。

⑥ 供水量偏大。特别是许多操作者为了防止刚起印时带脏，总喜欢先把版面水量上足后再印刷。这本身就是一种非常错误的操作习惯，很容易产生水杠。

⑦ 水斗槽安装不当，紧挨着串水辊，当机器运转后，会产生不该有的振动，导致水杠的产生。

解决方案

有经验的老师傅都知道胶印机的杠子最难解决，特别是机器使用一定年限后，就更难。因此，条杠问题要尽早解决，千万别拖延，时间越长越难办。

实际上，我们从产生水杠的原因中，就已经知道解决水杠的办法了，归纳起来就三点。

① 印刷过程中，尽可能使用最小的水量。至于如何确定使用最小的水，请参看3.4节的水墨平衡故障。

② 切实加强水辊轴承、轴头、轴座的润滑和保养，优先选择信誉度好、加工精度高的厂家生产的胶辊，最大程度地减少磨损和抖动。千万别等到机器的相关零部件出现大问题时，再花冤枉钱来维修。

③ 严格按照规范化操作要求，精心调节各个水辊之间的压力关系。关于具体的调节方法和有关数据，请仔细阅读1.5节的相关内容介绍，这里不再重复讲解。

故障实例分析：压力关系调节不良引起的白水杠

在我刚担任海德堡四色胶印机领机时，总被印品叼口处出现的白水杠困扰，很长时间都没有得到解决。

面对这个很顽固的故障，我费了许多周折。首先是按惯例逐一检查轴承、轴座、轴头、水辊质量等，接着检查水分的大小是否合适，再接着检查各个水辊的压力是否正确。就这样查来查去，始终找不到真正的原因。后来，通过不断的深入研究学习和同事们的反复交流，终于有所启发，才渐渐解开了这道难题。

我们知道，水和墨一样，在高速运转传递的过程中，要充分均匀后，才能传给印版进行印刷。水是从水斗辊 T（图 1–17）→计量辊 D →靠版水辊 A，再经过串水辊 R 打匀后传给印版。一般情况下，T 对 D 的压力调节是不可能错误的，只有 D 对 A、A 对 R 的压力有可能发生偏差，由于这类细节性的偏差比较隐蔽，不影响水分传递，就容易使我们疏忽掉。

其实，对于水辊方面的压力调节，我是很清楚的。但出于对书本知识的片面理解，总认为要用最小的压力，印出最理想的产品，可以最大限度地减少对机器的振动和磨损，延长机器的使用寿命。我担心水辊装置经不起频繁的落下和抬起，这样工作下去，容易加快磨损。正是在这种思想的指导下，我经常有意识地把计量辊 D（图 1–17）对靠版水辊 A、靠版水辊 A 对串水辊R 的压力调轻一点，以此希望减少对机器的冲击，更好地保护机器，殊不知这样做，却为水杠故障的产生埋下了极大的隐患。为了弄清楚这方面的原因，有必要展开一下，进行细致的分析。

在海德堡 CD102 多色胶印机中，水斗辊、计量辊、靠版水辊、串水辊等四根水辊的直径分别为：108mm、98mm、78mm、85mm。其中，水斗辊和计量辊由齿轮连接，通过电机无级调速来控制润版液的供应量。靠版水辊受串水辊和印版滚筒的驱动，其表面速度和印版滚筒相同，加之其直径最小，当然要比计量辊的表面速度快很多。而这里的速度差却非常有利于将水膜拉薄打匀，再通过表面有点粗糙的串水辊的串动作用，就可以源源不断地向印版传送非常均匀的水膜。只有印版上的水膜越均匀，才越不可能产生水杠。

如果我们把计量辊 D（图 1–17）对靠版水辊 A 的压力减轻，就不利于把水膜拉薄打匀，一旦供给印版上的水膜不均匀，就会产生水杠。

同样，如果我们把靠版水辊 A（图 1–17）对串水辊 R（图 1–17）的压力减轻，并使之小于对印版压力的话，则会产生两个非常不好的影响：

① 串水辊 R 的匀水功能会减弱，不利于把水膜拉薄打匀；

② 靠版水辊将主要由印版滚筒带着转动，一旦转到印版滚筒的版夹空挡，会瞬间失去驱动力，转速变慢，然后又瞬间加快速度，随印版一起转动，如此循环往复，岂不产生水杠？

就这样，我们大家通过上述细致入微的分析和讨论，对水辊装置的压力关系及时进行调整，基本解决了水杠故障。

技巧提示

只有水膜越均匀，才越不容易产生水杠。

3.3 墨路故障

3.3.1 胶辊传墨不良

胶辊的作用就是负责油墨的传递。如果胶辊的传墨性能不良，那产品的墨色就不能保持稳定，就会产生色差，引发严重的质量事故。发生胶辊传墨不良的主要原因如下。

① 墨斗里的油墨干燥结皮，或被墨渣、杂质堵住，不易下墨和传墨。

② 油墨黏度大，流动性小，环境温度低，会造成墨斗不易下墨，墨辊传墨困难。

③ 油墨被过量的水侵润，形成“水包油”型乳化，油墨抱在胶辊上下不来。

④ 胶辊之间的压力关系调节不对，或轴头、轴承、轴座受到长期的磨损等原因，使胶辊之间无法准确传递油墨。

⑤ 胶辊经过较长时间使用，表面胶层产生麻眼脱落现象，或者有过度磨损、直径太小的现象，都会导致传墨不良。

⑥ 由于胶辊长期受到润版液、油墨、纸张等因素的影响，加之每次清洗不可能完全彻底，使得各种物质一层层地堆积在胶辊表面，久而久之，就会封闭胶辊表面原有的毛细孔，在胶辊表面形成结晶、钙化现象，使胶辊的传墨性能急剧下降，以致传墨不良。刚开始时一般表现为产品墨色不够稳定，以后就渐渐发展到胶辊上直接脱墨，以致无法正常印刷。

解决方案

关于墨路传递方面的故障，我们操作者都会经常遇到。如何有效避免和解决此类故障，重点是要加强对胶辊的规范调节和定期保养，即使出现此类故障，也能够迅速解决，具体的方案如下。

① 勤掏墨斗，防止墨斗里的油墨表面氧化结膜。因为我们胶印使用的快干亮光油墨表面干燥快，易结皮，如果不经常翻动油墨，就会形成墨皮、墨渣，影响墨斗准确传输油墨。目前市场上流行使用快干亮光不结皮的油墨。

② 根据环境温度、油墨黏度、纸张性质等情况，适当调整油墨的印刷适性，确保油墨的顺利传递。

③ 在印刷过程中，要勤查看版面水分，控制好水墨平衡，防止油墨乳化。

④ 做好胶辊的规范化调节和定期保养工作。如果发生胶辊钙化现象，可用专门的起积膏、起积水来清洗。但这种方法比较费时、费力，无形中加大了生产成本。建议在每次快要洗完胶辊时，再用柠檬酸水洗一遍，使其与胶辊表面的一些钙类杂质发生化学反应，生成易溶物质以便及时清洗干净。实践证明，这一方法效果良好且省钱、省力。

故障实例分析：温度原因导致油墨传递不良的故障

每到炎热的夏季，都是书刊印刷最繁忙的时候。曾有一机台因印版花白，就停机通知晒版，待印版晒好重新安装、校版印刷时，发现印下来的产品居然没有一丝墨迹，该机长就怀疑是印版不着墨，立即用水把印版狠狠擦了两遍，结果还是不行。于是机长就责怪晒版人员显影不当，要求重新晒版，但遭到晒版的拒绝。当笔者了解情况后，用手摸了摸墨辊，感觉到胶辊太热，油墨太干，于是就往墨辊上洒了点 6 号调墨油，很快就排除了印版不着墨的故障。为了进一步防止油墨干结，又在墨斗里适当加了些 6 号调墨油，使生产得以正常进行。

其实，产生该墨路故障的原因并不复杂，主要是因为生产车间内的气温太高，机器运转产生的热量无法及时散出，致使墨辊异常升温发热，大大加快了油墨的干燥时间，当停机一会儿后，油墨已经在墨辊上提前干结，就不可能再向印版图文部分供墨。同理，如果到了冬季，生产车间内的气温太低，油墨又黏又硬的话，也不可能通过墨辊向印版图文部分顺利供墨。

因此，操作者要充分了解油墨的传递和转移方面的相关知识，善于根据环境温度、纸张、印刷压力、印刷速度等情况，充分利用撤黏剂、6号调墨油等助剂，灵活调节油墨的印刷适性，保证油墨的准确传递。

3.3.2 墨色前深后淡

在印刷图文面积比较大或实地版的印刷品时，常会出现同一张印刷品墨色前深后浅的现象，产生这种现象的主要原因如下。

（1）着墨辊对印版供墨的影响。当着墨辊处于印版滚筒的空挡位置时，着墨辊不着墨，墨辊上积蓄的墨量较大，随着滚筒往前滚动，每根着墨辊都以最大的墨量往印版叼口位置上墨，随着着墨辊不断滚动上墨，墨辊上的墨量又逐渐减少，滚至印版拖梢部分时，着墨辊上的墨量已经很少。应该讲，这种情况引起的墨色前深后浅的现象是无法消除的，是大多数胶印机的通病。

（2）墨辊排列的影响。输墨装置的着墨辊一般分为供墨和收墨两组，不同的机型，两组墨辊的排列情况有所不同。过去有的机器设计不科学，采用均匀分配法，墨辊排列的墨路是两路平分，四根着墨辊的带墨量一样，对印版均匀供墨，因后两根着墨辊起不到补充上墨、匀墨和收回多余墨层的作用，使印刷品极易出现前深后浅的现象。为了解决这类故障，如今的机器早已对这方面做了改进。在海德堡机器中，前两根着墨辊的着墨量约占84%，后两根约占16%，这样的分配一般不会产生印刷品墨色前深后浅的现象。

（3）胶辊老化或钙化，墨辊表面的储墨总量不足，传墨性能下降，使印刷所消耗的墨量和墨辊的储墨量之比过大，就会出现印品墨色前深后浅的现象。

（4）油墨的流动性和黏度不符合印刷要求、油墨过量乳化等，严重影响油墨的正常传输与附着性能，以致出现印品墨色前深后浅的现象。

（5）印版或橡皮滚筒的包衬不均匀、滚筒的背面有脏污、滚枕有脏污等，印刷压力不均匀，出现印品墨色前深后浅的现象。

（6）晒版时，碘镓灯光不居中，使晒出的印版图文本身就有前深后浅或前浅后深的毛病。

解决方案

当出现印品墨色前深后浅的现象时，可采取以下措施：

（1）严格控制版面水分，防止油墨过量乳化，保证油墨的正常传输与附着性能；

（2）掌握好油墨的流动性和黏度，因为油墨的流动性与黏度直接影响油墨的传输速度和墨辊的储墨量；

（3）平时要加强机器所有滚筒的清洁和胶辊的保养，认真做好“三平”工作；

（4）调整串墨辊的串动起始时间。由于串墨辊刚串动时，会加深该段区域的墨色，我们可以利用这个特点，通过调整串墨辊的串动起始时间解决印品墨色前深后浅的故障；

（5）针对大多数胶印机都存在着印品墨色前深后浅的通病，可以从制版设计时，就事先考虑把印版叼口处的图文做得略微浅5%左右，刚好抵消机器固有的前深后浅的毛病，使印品前后的墨色基本一致；

（6）如果制版设计方面有点小问题，也可以从晒版工艺入手，故意将晒版碘镓灯的位置往印版的叼口处移动一点，使晒好的印版图文前浅后深，刚好抵消机器固有的前深后浅的毛病。

故障实例分析：晒版引起的印品墨色前深后浅的故障

大约在十多年前，我们用最新引进的海德堡四色机印刷江苏宝胜电缆厂的产品样本时，发现印品上统一设计的墨绿色条块前后相差很大，具体表现为前深后浅，好像比以往出现的前深后浅现象明显得多，严重影响产品质量。

面对这种特殊的质量问题，自然不能轻易放过。我们对靠版墨辊、印版和橡皮布的包衬、滚枕，以及自动设定串墨辊的串墨往返时间等方面都进行了仔细的调节，并重新晒了一块印版进行试验，结果还是不能解决问题。

中午吃饭的时候，我突然想到：是不是晒版曝光不一致导致的问题？于是再一次重新晒版，并仔细跟踪观察全过程。正当晒版人员放好印版和胶片，准备抽气曝光时，终于发现了其操作中存在的重大错误。

经向晒版人员询问后得知，他们一直习惯于在固定位置晒版，一般不轻易移动碘镓灯的位置。在我看来，这种固定的做法其实是不对的。因为碘镓灯曝光时，对中间部分的曝光强，对周边部分的曝光弱，曝光量绝对不可能均匀一致，晒出的印版图文自然就深浅不一。从观察的实际情况看，晒版人员出于查看脏点的需要，放置印版时喜欢靠近身体，无意中使印版偏前，如果碘镓灯的位置本来就比较偏后的话，就必然使印版图文前深后淡，再加上印刷机本身有前深后淡的通病，两个因素叠加在一起，产品质量自然受到严重影响。

通过分析和讨论，我们决定尝试一种比较特殊的晒版方法：把碘镓灯的位置往印版的叼口移一点，目的就是让叼口处接受的光照强一点，拖梢处接受的光照相对弱一点，使晒出来的印版图文前浅后深，刚好抵消机器固有的前深后浅的通病，使印品前后的墨色基本均匀一致。

结果证明，这种方法无论在理论上，还是在实际效果上，都可以得到验证，能够有效解决生产中的实际问题。

技巧提示

碘镓灯（图 3–8）的位置比较滞后，印版各个部位的感光程度不一致，自然会使晒出的印版图文前深后浅。

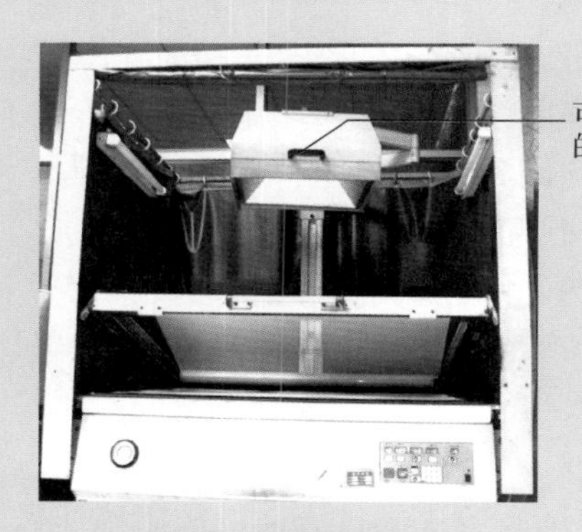

图 3–8　晒版碘镓灯

讨论

关于晒版光源与印版的正确距离

由于产品的规格有四开、对开、小全张等，晒版碘镓灯和印版的直线距离就不能一成不变，否则会严重影响晒出来的印版质量。

假如光源离版面较近，会使版面上受光垂直照射的部分曝光过度，受光倾斜照射的部分曝光不足；假如较远，又会使整个版面曝光不足，势必增加曝光时间，造成多方面的浪费。

正确的距离是：光源和版面的距离应稍大于版面对角线的长度为佳。

3.3.3 墨杠

墨杠的定义：产品某区域内的网点发生不规则的扩大，被拉长变形，墨色变深，构成一条明显的深条痕。

相对于水杠而言，产生墨杠的原因实在是非常之多，主要原因如下。

① 胶辊加工的精度不够或调节不当，引起胶辊和印版滚筒之间的微小滑移，影响油墨的正常转移，在印品上留下一道较深的墨痕。

② 胶辊的轴承、轴套、轴颈、墨辊支架等有一定的磨损或抖动，产生墨杠。我们知道，胶辊轴头、轴承的精度直接影响到传墨、布墨的效果，而且会产生跳胶、滑胶等不良情况。所以，平时应勤给胶辊轴头、轴套加注润滑油，以防止机件磨损，影响胶辊的正常使用，引起墨杠。

③ 机器各个滚筒及水墨辊部分的齿轮，因加工方面的误差或润滑不良的原因，齿轮在啮合过程中产生震颤，不能保证平稳运行产生墨杠。齿轮墨杠的特点是周期性的，只要通过借印版滚筒，改变齿轮和滚筒的相对位置，再次查看墨杠的位置是否跟着变化，就可判定是否是齿轮杠子。

④ 机器在运转过程中，会受到来自滚筒缺口、叼纸牙开闭、凸轮连杆机构的往复运动等方面的惯性冲击，给机器带来一定的振动，产生墨杠。正是为了减少机器本身的振动，才诞生了印版滚筒和橡皮滚筒采用接触式滚枕的印刷方式，滚枕在重达一吨以上压力的挤压下相互对滚合压，迫使齿轮间隙被消除，任何来自齿轮、轴承、缺口引起的振动也被消除，或者被大幅度减轻。

⑤ 操作者在平时的工作中比较马虎，不能严格遵守印刷工艺要求，从而产生墨杠。这方面的原因非常多，具体包括对润版液、油墨、印版、橡皮布、包衬、纸张的正确使用和调节，还有对胶辊、滚筒、滚枕的保养是否很完善，主马达是否平稳运转，传动皮带是否打滑等。比如：因胶辊长期保养不善，纸张或自来水中的钙质不断地在胶辊表面堆积下来，逐渐堵塞胶辊表面本应粗糙的毛细孔，形成光滑的玻璃层，就会使胶辊的传墨性能下降，在运转过程中产生滑移，就会产生墨杠。在这么多要素中，只要有一个处理不当，墨杠就随之而来。

解决方案

由于产生墨杠的原因太多，要彻底解决墨杠方面的故障确实做不到，况且操作工人的水平有限，不可能对机器的方方面面都样样精通。因此，排除机器制造方面的原因引起的墨杠外，只要我们机台人员始终能够规范化、标准化地操作机器，就完全可以消除或减轻墨杠的发生，重点应掌握以下几点。

① 加强对胶辊的清洗和保养，防止橡胶表面结晶钙化，确保胶辊表面有良好的亲墨、传墨性能，尤其是靠版墨辊更要定期进行除钙。

② 在严格按照标准化调节胶辊压力关系的基础上，也要从有利于减轻机器振动、延长胶辊使用寿命的角度出发，尽量减轻胶辊的压力，只要能够保证正常印刷就行。比如：由于新胶辊的弹性好，传墨性能好，其对印版的压杠就可以比正常调节减轻 1mm。

③ 根据机器操作说明书的要求正确确定印版和橡皮滚筒的包衬，坚持使用理想印刷压力，不得随意增减，以免因压力过大，对机器产生额外的冲击，从而产生墨杠。

④ 加强机器上各个运动件的保养和润滑，尽量减轻机器的振动。这方面的内容很多，比如：开闭叼牙的轴承和凸轮、印版和橡皮滚筒的滚枕、压印滚筒、水墨辊起落支架、各种撑簧、撑杆等，如果这些部位缺油、脏污或磨损，肯定会对机器产生振动，就会给产品带来墨杠。

故障实例分析：靠版墨辊质量不良产生的墨杠

公司曾利用生产淡季轮流对各个机台进行为期一周的设备大保养，其中对许多旧墨辊，特别是靠版墨辊全部进行了更新。刚过了几天，1 号海德堡机台在承印画册封面时，发现印品叼口中间 3cm 处有一条青色墨杠。我们反复地对墨辊的压杠宽度、滚筒的包衬厚度、滚枕的清洁润滑等方面都做了仔细检查，并未发现任何异常情况。

通过和以前印品质量的比较，我们判定该墨杠是在大保养之后才产生的。按说机器经过有效的保养，且又更新了水墨靠版辊，印刷质量会更好才对，怎么会出现墨杠呢？经过百般思考，我们认为问题可能还是出在新换的靠版墨辊上，于是再次检查其靠版的压杠宽度，第一次检测分别是 4mm、4mm、3mm、3mm，稍微点动后，再连续查三次，结果发现第三根靠版墨辊中间处的压杠宽度发生了明显的变化，从 3～6mm 不等，说明这根墨辊的加工质量有问题。当机器运转后，再打开操作侧的护罩，可以发现这根靠版墨辊的墨辊座芯轴比其他几根跳动大得多。

找到问题的根源后，我们立即将它更换，困扰多时的墨杠问题终于得到解决。

在调节靠版墨辊的压杠时，要不怕麻烦，多落几次墨辊，多查几个位置，顺便检查一下墨辊的加工质量。

故障实例分析：压印滚筒堆墨产生的墨杠

某机台在承印一个对开满版浅灰色的书刊前环衬时，发现其中间位置有一条很长的墨杠，无论机长怎么调节靠版墨辊，墨杠始终存在，而且位置不变。

当我了解情况后，立即叫他们把压印滚筒尾部堆积的残墨清洗干净再说。当时该机长认为产品的印刷幅面不大，根本用不到尾部，有点半信半疑地按照我的要求做了。当再次开机印刷时，墨杠却真的消失了。

这是为什么呢？是因为机器在合压运转时，印版、橡皮和压印三个滚筒都同时互相滚压，当压印滚筒的尾部堆积残余油墨时，就会使橡皮滚筒产生周期性的跳动，然后再传递给印版滚筒。尽管压印滚筒和橡皮滚筒的跳动，是发生在产品印刷完成后，但由此传递给橡皮滚筒和印版滚筒的跳动时，却刚好是两者的中间或偏后的位置，这样就会在印品上留下一条墨杠。一旦把压印滚筒尾部堆积的残余油墨清洗后，机器的跳动就没有了，墨杠也就自然消失。

3.4 水墨平衡故障

水墨平衡是胶印印刷的基本原理之一，是基于油水不相混溶机理之上的。胶印印刷时，油墨和水必须同时处于同一印版的版面上，并保持平衡，这样，就要求印版图文部分保持充分的着墨量，同时又要保证印版空白部分不起脏，这种水和墨之间的平衡关系，即称为水墨平衡。

水墨平衡的具体含义是：在印刷速度和印刷压力一定的情况下，在保证印品图文色彩还原、灰平衡、密度值及阶调值都符合标准的前提下，使用最少的供墨量和最少的供水量，完成印刷任务，这就达到了水墨平衡。上面这句话从字面上很好理解，但要在工作中做到却真的非常困难。我们会经常听一些老胶印师傅深有感慨地讲：干了一辈子胶印，最难做的就是控制不好水量。可见水墨平衡既是胶印的基础，又是胶印的一大难点。水墨不平衡问题是胶印操作者最为常见、最难掌控、最难解决的印刷故障之一。

3.4.1 水墨不平衡故障的表现形式

（1）如果水量过小，会表现如下。

① 印品的叼口、镂空字等部分，经常容易带脏。

② 印品网点增大、墨色变深，有糊版现象。

③ 印品的一边水分偏小，一边却偏大，令人难以适从。

（2）如果水量过大，则有如下表现。

① 印品墨色暗淡、无光泽，即使加大墨量也无明显效果，色彩饱和度差。

② 在印刷过程中，由于水分过大，会阻止油墨的正常传递和转移，使油墨抱在胶辊上下不来。而一旦飞达输纸停顿重新起印时，原本抱在胶辊上的油墨却又全部串下来，使印品墨色突然变深。

③ 油墨过度乳化，印品的网点发虚、不实在，印版图文部分始终得不到足够的油墨量，而导致快速花版。

④ 纸张纤维由于吸水过多而膨胀，使四色套印不够准确，也会使纸张发软，收纸不齐。

⑤ 印品上的油墨干燥速度慢，背面容易粘脏；也给后道的折页、烫印、覆膜等工序带来困难。

⑥ 印版上的水分淤积后，会形成水滴，不断飞溅在印品上，特别易使铜版纸的上下印张粘在一起，造成很多废品。

3.4.2 影响水墨不平衡的主要因素

（1）润版液的配比不正确。

（2）润版液的温度值不稳定，特别是在连续工作状态下，制冷系统达不到设定要求。

（3）生产车间的环境温、湿度控制不理想，早晚之间的变化太大。

（4）机器运转初期和运转一段时间后的机身温度变化很大。

（5）水、墨辊之间的压力关系调节得不正确，水、墨路传递不良。

（6）水、墨辊本身的质量有问题，传水、传墨性能不好。比如：水、墨辊加工的同心度差；橡胶成分不合要求，亲水、亲墨性能差；胶辊出现钙化、磨损或橡胶表面有麻点现象。

（7）油墨中的添加剂含量太多，引起油腻，操作者被迫加大水量，使油墨过于乳化。

（8）印版和橡皮布中的包衬不正确。当印刷压力不足，印迹发虚时，操作者却错误地加大供墨量。

（9）飞达调节不良，输纸不正常，使水墨供应不稳定，难以处于平衡状态。

（10）不善于对不同的纸张及时进行水墨调节。不同的纸张，其吸水、吸墨性能完全不同。铜版纸表面光滑，吸水、吸墨性小；胶版纸表面粗糙，吸水、吸墨性大。对此，有的机长长期习惯了胶版纸产品，如突然让他改印铜版纸时，不能及时对水、墨进行正确的调整。

（11）橡皮布表面堆积过多的喷粉、纸粉，不及时清洗，使印品上脏糊版。

3.4.3 水墨平衡的控制要点

在平版印刷过程中，油墨和水并非绝对不相溶。因为油墨和水共同处于印版表面，在各种印刷压力作用下，必然会产生一定程度的乳化，而且油墨适度的乳化是必要的。据有关书籍介绍，当油墨中含有 15%～26% 的水量时，比较有利于油墨的传递和转移，有利于实现水墨平衡。关于此类研究数据，操作者只需要有所了解就行，生产中是不可能有时间、有仪器去慢慢测量和计算的，只能凭日积月累的知识和经验，进行规范化操作。作为操作人员，我们是不可能完全控制印刷材料的质量、天气温湿度的变化情况，更不可能对机器的设计缺陷进行大的改进等，但起码应该知道影响水墨平衡的各种因素，然后才能根据实际情况采取相应措施，基本实现水墨平衡。

（1）润版液

首先要把润版液的配比严格按照供应商的要求配制好，并保持稳定，任何人不得随意乱动。我曾不止一次看到一些机长往水箱里随便倒入润版液或异丙醇，当问他们为什么这样做时，他们都说印品带脏，怀疑是润版液或异丙醇含量太低了。这种凭空想象、随意乱倒的行为完全破坏了润版液的正确配比，使本机台两个班的操作人员在遇到水墨平衡方面的故障时，显得无所适从，无法做出正确的分析和判断，把问题越搞越复杂。

其次要灵活掌握润版液中的 pH 值和导电率的参考意义。测试 pH 值是检查溶液的酸碱度，测试导电率是检查溶液中通过电流的能力。我们知道：许多润版原液中的添加剂对 pH 值有一定的缓冲稳定作用，润版原液用量的微小变化对 pH 值几乎没有影响。所以，如果只单独检查润版液中的 pH 值，是不能准确反映润版液的配比的。大约在十年前，我公司开始引进了润版液导电率测试方法。实践表明，只要润版原液或异丙醇的用量稍有变化，导电率就会立即反应。在正常情况下，导电率应控制在 800～1200μS 之间为好，操作者只要经常查看导电率的大小，就能比较准确地掌握润版液的配比是否稳定。

最后，要对酒精润版系统定期进行清洁。酒精润版系统具有以下诸多功能：按设定的比例自动抽取酒精和润版液，并不断补充被消耗的水分；按设定的温度间隔制冷保持水温恒定；不停地向机器循环供水等。假如该系统长期不干净的话，会导致一些传感器失灵、浮球位置偏移、管道堵塞、制冷不及时等。也许该系统看起来还在不停地工作，但其所反映的实际数据已不再可靠，极易误导操作人员的判断，引发水墨不平衡故障。

（2）规范调节水、墨辊之间的压力

首先要按照机器说明书的操作要求，通过测量水、墨辊之间墨杠宽度的办法，准确调节辊与辊的压力。至于调节方法，已在前面的操作篇中有所讲述。做这项工作时，可能新机长会做得非常慢，但一定要耐心、要仔细。关于墨杠的宽度分别有 3mm、4mm、5mm、6mm 等，每一处的要求各不相同，千万别着急，别怕麻烦，只有多做几次后才会越来越熟练。如果不认真对待，水墨平衡就无从谈起。

其次，水、墨辊的表面要保持清洁，不能有结晶、硬化等现象，以始终保持良好的传墨、传水性能。在此要特别强调的是，传水装置中的水斗辊、计量辊、串水辊和靠版水辊的表面都非常爱干净，且比较“娇气”，最怕沾上油墨或划伤，影响传水性能，从而影响水墨平衡。

（3）印刷过程的控制

关于这方面的控制内容尽管有很多，但为了突出重点和避免重复，只需讲主要的三点内容。

① 印版和橡皮滚筒的包衬要正确，要根据不同的印刷材料使用理想的印刷压力。大家可以设想一下：如果包衬不对，印刷压力就不对，水、墨的传递和转移就不正常，自然就不可能实现水墨平衡。

② 飞达要保持连续、稳定地输纸。稍有点印刷经验的人都知道：当飞达一旦停顿再重新起印时，必定会造成水、墨辊不断地抬起和落下，致使水墨短暂失衡，前 3～5 张产品的墨色都明显偏深，必须做废品处理。

③ 高品质的油墨和纸张。没有特殊情况，油墨中不要乱添加去黏剂、调墨油等，容易引起油腻和带脏；一些印刷适性不好的压纹纸、艺术纸尽量不要采用。

（4）掌握水墨平衡的基本原则

① 根据印版图文分布情况，初步设定各印刷单元的水量和墨量。如果印版图文面积大，用水、用墨量应同时加大；反之就减小。

② 环境温度高、湿度低，用水量加大；反之就减小。

③ 纸张的平滑度差，表面比较粗糙，用水量加大；反之就减小。

④ 油墨黏度大，流动性差，用水量减小。反之，如果油墨里加了过多的去黏剂、调墨油，黏度小，流动性好，用水量就加大。

⑤ 印刷金、银墨时，由于其中的金属粉颜料并不能溶于水，油墨无须乳化，耗水量相对减少，所以供水量也相应减少。

⑥ 刚起印的冷机器，机身温度较低，用水量应减小；当运转一段时间后，机身温度有所上升，用水量应适当加大。

⑦ 新印版的砂目多，存水量大，用水量多；反之，旧印版的用水量就自然少一些。

（5）判断水墨平衡的技巧

在印刷过程中，由于各种因素的不断变化和相互影响，水墨平衡关系经常被破坏，很难保持不变。尽管水墨之间的平衡有一定的宽容度，有一定的范围，但控制起来绝非易事。如何在运动的状态下求得相对的水墨平衡，就要我们不断总结方法和经验，从一些看得见、摸得着的表面现象入手，掌握水墨平衡的判断技巧。

① 墨斗辊

如墨斗辊两端发白，则表明水量大；如有水珠形成，则表明水量太大。

② 印版表面

二十年前，一些老师傅经常观察印版的表面是否有水膜镜面反射亮光，以此判断水分的大小。这个方法对低速胶印机还是蛮管用的，但对现代的多色高速胶印机来讲，可能就起不了什么作用了。因为现在的机器速度快了，酒精润版水膜薄了，根本就看不清楚。针对这种情况，笔者总结了一套比较实用的好办法：先落下机器的靠版水、墨辊，然后抬起，再紧启停机，仔细查看印版的叼口处有无油墨脏迹，若有 3mm 以上的脏迹，但尚未影响成品线内的图文，就表明水分偏小；若停机点动两圈后，版面水分仍难以挥发，就表明水分偏大。

③ 墨色变化

如果中途停机再印刷时，刚起印的一二十张产品墨色明显偏深，说明油墨过度乳化，水、墨量都偏大；如果墨色刚起印时还好，后来却越来越淡，经加大墨量后仍无效果，则说明水量较大，要大幅减少。

④ 对印品的叼口、镂空字和实地部位的快速检查

生产过程中，在不断抽样检查印品质量时，大家第一眼应该看哪里？答案应该是叼口部位。一般情况下，如果水量偏小时，印品的叼口部位肯定最先带脏，镂空文字和实地部位也会糊脏；如果水量偏大，印品的叼口部位也肯定最先有水迹，墨色明显发白变浅，实地部位因墨量不足也会跟着明显变浅。一旦有水墨不平衡现象，叼口部位肯定会首先呈现，操作人员只要先瞄一眼该部位情况，就可以迅速做出相应调整。

在我们的身边，常有些粗心的操作人员，不知道如何快速查看产品质量。每次抽出样张后查看了老半天，也看不出质量问题，等到抽出第二张、第三张……才突然发现。此时问题已相当严重，以至于造成产品的大批量报废。如此反映速度，怎能适应现代印刷机的高速生产。因此，平时要注意观察，加强学习，熟练掌握只对印品“瞄一眼”的高超本领，从总体上全面把握好产品质量。

⑤ 局部区域水墨不平衡的处理

当印品的局部区域出现水墨平衡故障时，坚决不能简单地把水量同时加大或减小，这样处理就等于是按下葫芦浮起了瓢。应根据情况仔细检查该区域的供墨量是否太大；两端的出水量是否调节一致；水斗辊、计量辊、串水辊和靠版水辊的表面是否有油污、凹陷、划痕等。此外，还可开启水辊上方的吹风装置，让多余的水分快速蒸发。

3.5 印刷压力故障

什么是印刷压力？印刷压力是指把印版上的油墨转移到承印物上所需要的压力。为了加深对这句话的理解，先向大家讲一个很搞笑的故事：

有个非常肯干的副机长，抢着干校准印版和墨色的工作，当第一张纸印下来，他发现印迹太淡，就通过电脑给墨辊加墨，待第二张纸印下来，印迹略有加深，但还是太淡，他就再加墨，就这样一直加了四次墨。等到机长来查看时，差点没被他的愚蠢行为给当场气死。原

来，问题出在输入电脑里的纸张厚度与实际校版用的纸张厚度根本不一样，一个是白板纸，另一个是胶版纸，印刷压力相差 20 丝（1 丝 =0.1mm）以上，油墨怎能顺利转移?

通过这个故事，说明压力对印刷的重要性。可以毫不夸张地讲：没有压力就不可能印刷。但印刷压力也不能过大或过小，否则就会对印迹的正确传递产生严重危害，不利于印品质量。

当印刷压力过大时，会产生以下故障：

① 印迹网点扩大，图文层次不清，产品套印不准；

② 增加纸张和橡皮布的剥离张力，使纸张容易拉毛和剥皮；

③ 由于过度增加了印版和橡皮布的摩擦力，会减少印版和橡皮布的使用寿命；

④ 增加对机器的负载和冲击，减少受压零部件的使用寿命。

当印刷压力过小时，会产生以下故障：

① 印迹网点空虚，色彩灰暗无光泽；

② 油墨转移困难，印品图文不完整；

③ 油墨浮在纸张表面，没有被压进纸张空隙，难以及时干燥。

印刷压力既不能大，又不能小，那我们应该怎样确定印刷压力的大小呢? 确定的总原则就是：一定要用最小的、均匀的印刷压力，使印品清晰、饱满，色彩鲜艳，层次阶调分明。只有这样的压力，才是最恰当的压力，被我们称为理想压力。

获得理想压力的前提，是各个机组滚筒的包衬要正确。在计算滚筒的包衬量时，请勿过分依靠经验，忽视现实中纸张、印版厚度的变化情况，以致错误地计算了印刷压力。举例来说：用千分尺测量不同厂家 250g/m^2 的白板纸或印版时，其实际厚度可能在 27 ~ 30 丝（2.7 ~ 3.0mm）之间，约有 2 ~ 3 丝（0.2 ~ 0.3mm）的差异。

随着印刷技术的发展，关于现代胶印机滚筒包衬方面的操作都已经非常标准化、规范化，对各个机台来说，几乎是一成不变的死东西。如今印版滚筒的包衬，已用专门的炮底胶片取代昔日的纸张，不仅避免了烂纸、生锈的头疼问题，而且只要一次操作，就可享用半年以上。至于橡皮布的包衬仍然采用纸张，但在安装橡皮布时，已不再使用传统的套筒扳手，而是广泛使用扭力扳手。因为橡皮布被绷紧后，受到径向拉力会伸长，由于操作者的力气差别很大，各个橡皮布的伸长量、橡胶层减薄的程度就不完全一致，导致各个机组的实际印刷压力就不一致。因此，只有所有操作者都统一使用扭力扳手，才能让安装好的橡皮滚筒包衬一致。只有这样，我们才能获得理想的压力。

讨论

新气垫橡皮布的厚度，经压缩后会减薄 5 丝（0.5mm）。

需要重点强调的是：理想压力并不是一成不变的概念，而应该根据纸张、橡皮布和包衬等方面的情况做适当调整。比如：铜版纸的表面光滑度高、质地紧密，新气垫橡皮布的敏弹性强、油墨转移性能好，印刷压力应稍小点；反之，胶版纸的表面粗糙、质地松，一般旧橡皮布的敏弹性差、油墨转移性能差，印刷压力就应加大点。其实，不管有多么先进的机器，也不可能自动设定理想压力，理想压力的具体数值始终是动态的、灵变的，而不是静态的、僵化的。至于究竟怎样才能准确把握理想压力，一要靠各个操作者平时的规范化操作；二要靠操作者不断地积累丰富的经验。

故障实例分析：印刷压力过大导致铜版纸剥皮故障

十多年前，某机台承印一满版酱菜商标产品，该产品图文面积大，用纸为80g/m^{2}单面铜版纸。印刷时，发现纸张总是被黏附到橡皮布上，印刷上把这种现象称为“剥皮”。机台人员始终误认为是叼牙脏、叼力不够引起的，就拼命地清洗和加油，甚至还要求下一班人员调节叼牙的叼力。就这样，他们一直忙到深夜下班，报废了1000多张纸，也丝毫不见成效。

第二天，我对该机台的故障进行了全面的检查和分析，认为造成故障的原因有三个：

1. 由于橡皮布被多次轧伤，有凹陷处，他们为了省事，就错误地加大印刷压力；
2. 飞达输纸不稳定，有歪斜现象，叼牙叼纸少，容易产生剥皮；
3. 由于时值冬季，车间温度太低，油墨变硬，黏度大，流动性差，加大了橡皮布对纸张的剥离张力，造成纸张剥皮。

如果以上三个原因叠加起来，情况当然会更加糟糕。为此，我们先把飞达输纸调稳，再用去黏剂适当降低油墨的黏度，最后再补好橡皮布，尽量减轻印刷压力。经过这样有针对性的调节，该机器终于很快恢复正常生产。

故障实例分析：印版滚筒包衬不平引起的墨杠

1997年年初，我公司在江苏省率先引进了第一台海德堡速霸CD102四色胶印机，新机器刚投产两个多月，发现印品叼口处的平网有一段不够均匀，颜色略深，好似一道淡淡的墨杠。由于该产品是一幅伟人像，不能有半点瑕疵，必须立即排除。

面对出现的问题，我快速地进行思考：由于大家都非常爱惜新机器，机器的水墨辊压力、橡皮布包衬、滚枕、印刷压力的设定等方面肯定没有问题，唯一有问题的地方就是印版滚筒包衬至今没有擦洗，可能有些墨迹？于是拆开印版，发现胶片上确有一条淡淡的墨迹，是因为手工安装印版时，印版的背面经常碰一下第四根靠版墨辊所致。后来，我们把胶片擦净，再重新装版印刷时，墨杠真的消除了。

想不到这么一点点墨迹（至多3丝），就会产生墨杠。说明采用硬包衬的机器，对保养要求很高，稍有一点振动，都能在产品上反映出来。平时，大家每天都会清洗橡皮布和压印滚筒，却从不清洗印版滚筒。虽然印版滚筒看似干净、平整，但里面的炮底胶片哪怕只有一点点脏迹，就会破坏印刷压力的均衡，给产品带来影响。特别是当印版包衬有脱胶、起泡现象时，更应及时更换，千万别贪图省钱、省事。否则，肯定会引发若干质量问题，令操作者白费时间乱找原因。

技巧提示

和橡皮滚筒相比，刚性的印版滚筒更需要保持平整和清洁。

故障实例分析：清洁滚枕加油后引起的故障

2010年元月，我公司新引进了一台海德堡五色胶印机。按照验收规定，我们采用50%平网版进行印刷，发现印品中间部位的颜色稍有点深，网点明显扩大。

由于是刚刚安装的新机器，水墨辊、滚筒包衬、印刷压力、油墨、纸张等方面都不用怀疑，大家一时找不出原因。后来，机长回忆说：前几天，我们认真地按照海德堡工程师的要求，把所有滚枕都擦得干干净净，并把滚枕都抹足了一层油，难道是滚枕上油太多引起的？抱着试试看的心理，我们把滚枕上的油一一擦干，再开机印刷。结果显示该处网点扩大的故障消失了，一切恢复正常。

经过分析，印版和橡皮滚枕合压时，如果表面的油层太厚，在水墨辊、叼纸牙轴承、滚筒缺口、齿轮间隙等因素的冲击震动下，也会产生微小的滑动，造成产品的网点不规则地扩大。

后来，通过进一步学习研究，发现“科印网名家专栏”里的朱雷老师也要求我们在对滚枕清洁时，不能加过多的油，更不能加黄油，只能少加一点点油即可。可见，油多了也会坏事。

故障实例分析：机器的空滚筒故障

什么叫空滚筒？就是当最后一张纸合压完成后，橡皮滚筒和压印滚筒仍未立即离压，离压动作慢了一点，使橡皮布上的部分图文印在了压印滚筒上，当机器再次印刷时，前十几张纸的反面也被印上了不该有的图文，造成产品报废。

前不久，1 号海德堡机台第四机组就经常出现这种故障。操作人员发现，如果机器速度控制在 5000 张 / 时以下，空滚筒现象就没有，反之就有，说明该机器在印刷结束的一瞬间，滚筒离压的动作有点滞后，必须进行检查。

于是，我们首先把操作侧的外护罩打开，再把里面的大护罩一起拆掉。看到离合压气缸两侧各有一个电磁阀，拆下后发现左侧电磁阀气孔里面渗进了机油，可能影响了气缸的正常动作。然后再把整个气缸拆开查看，发现气缸里面也有一些机油，其中有个橡胶密封圈也老化了，如图 3-9、图 3-10 所示。

图 3-9 海德堡气动式离合压气缸

图 3-10 缸体里面的密封圈

找到了问题后，用汽油把电磁阀和气缸一并清洗干净，再更换一只橡胶密封圈。经重新安装后试机，故障得以排除。

其实，离合压气缸的机构并不复杂，就是由两只电磁阀、两只单独的气缸组合而成，依靠高压气流的进出来推动活塞撑杆，从而使橡皮滚筒实现离合压动作。如果出现离合压的故障，一般是电磁阀的电路不通、电磁阀阀芯生锈、橡胶密封圈漏气、活塞上面的压簧折断、缸体脏污、气压撑杆螺母松动等原因造成的，只要把这些部位仔细检查清楚，然后再正确安装好，一般就能解决问题。以前，我们有过这方面的教训，花费两万多元买了一只气缸。

3.6 套印不准故障

评判胶印产品质量的核心内容有两点：一是要套印准确；二是要色彩鲜艳。套印不准是胶印中经常遇到的重点故障，几乎是天天有，稍不留神，产品质量就会出现问题。

导致套印不准故障的原因十分复杂，可能有机器制造、制版、晒版、装版、拉版、纸张、输纸定位、滚筒包衬、印刷压力等诸多因素，有时甚至是几方面因素叠加在一起造成的，这就更需要我们操作者仔细分析、研究和解决。下面就拿几个比较突出的故障一一和大家讨论。

3.6.1 晒版或胶片不准引起的故障

晒版是胶印的前一道工序，如果晒出的印版本来就不准，印刷就不可能套准。造成晒版或胶片不准的原因有：

① 激光照排机输出的胶片套印精度差；

② 拼拷、挖改的胶片在拼大版时，手工贴得不准；

③ 胶片和纸张一样，空气潮湿时伸长，干燥时缩短，如果胶片保管室、晒版间的温湿度控制不好，胶片本身的套印精度就差；

④ 在烤版过程中，印版遇热膨胀，特别是烘烤温度过高或温度不均匀，印版的图文就会产生套印不准。

解决方案

① 对本来就不准的胶片要全部重新发排，千万不能为了降低成本，只换其中的一张胶片。因为不是同一条件、同一批次输出的胶片不容易准确。

② 手工贴的胶片一定要仔细贴准、贴牢，防止使用了几次就跑位。

③ 控制好晒版间的温湿度，一套印版要连接着一次性晒完。千万不能早上晒两块后，到了中午才想起来又晒两块。防止胶片因温湿度的变化引起套印误差。

故障实例分析：四色机换了块版为什么就不容易套准？

大约在十多年前，我就不止一次地发现这么一个奇怪的现象：在正常印刷过程中，如果某块印版因图文花白重新换版后，就和机器上的其他三块印版死活套不准。

刚开始时，总以为是机器的调节问题，对橡皮布的包衬、压印滚筒的叼牙、印版上的供水量等方面，逐一进行细致的检查，没有发现任何可疑之处。为了不影响生产进度，当时只好将就着勉强印刷。如果实在不准，就不管三七二十一，把机器上的印版一起更换掉。

后来，我刚巧看到《印刷技术》杂志上登载了一篇有相似故障的文章，才明白其中的原因。由于我们印刷的程序是先晒版，后上机印刷，前后有一定的时间差。如果印版是一个星期以前晒制的，且当时正逢阴雨天，一连几天空气都十分潮湿的话，那么胶片因受潮而伸长，导致四张印版的图文全部一致拉长。当天气好转，胶片又会因天气干燥收缩而导致后来晒出的印版图文变短。难怪前后晒出的印版图文有长有短，无法套准呢！

自此以后，我们加强了胶片室、晒版室的温湿度控制，尽量保证胶片不过分伸缩，引起套印不准。

3.6.2 纸张伸缩引起套印不准的故障

纸张是由纤维组成的一种可变性材料。纸张纤维天生就具有吸湿作用，只有和空气湿度相一致，达到平衡状态时，纸张的性能才稳定下来。可以毫不夸张地讲：印刷产品质量的好坏，有很大一部分因素是由纸张质量决定的。对于这一点，也许我们广大书刊产品的印刷人员会有更深的感受。因为书刊产品基本采用的是胶版纸，其纸质松、吸水性强、伸缩性大，相对要比铜版纸、白板纸的变形大得多，而且生产厂家的纸张质量确实也参差不齐，再加之纸张在运输、存放、使用等各个环节存在诸多问题，就会经常导致纸张伸缩变形，引发各种各样的故障。有关这方面的问题主要集中以下几种表现。

（1）纸张的出厂周期太短

造纸厂为了加快资金周转，提高经济效益，也要尽量减少库存，缩短生产周期，往往把刚生产出的纸张就发给各个印刷厂。这样的纸张，内部含水量极不均匀，纸张尺寸极不稳定，印刷适性肯定差。纸张在印刷过程中，特别容易吸收或释放水分，产生“荷叶边”或“紧边”现象，使印品图文套印不准。

（2）纸张有厚薄不一致现象

在同一批胶版纸中，经常有厚薄不一致现象，甚至同一张纸的四周厚薄也不一致，假如用千分卡测量，相差 2 丝（0.2mm）多。由此会带来印刷压力不断变化，各个色组橡皮布上的印迹不能保持完全重合，使印品图文套印不准。

（3）纸张存放环境温差大

据相关资料介绍，温差达 8℃及以上时，物体表面会产生冷凝水。举例来讲：在冬季时，室内的窗玻璃上会有一层水珠；吃冰棍时，冰棍的外包装纸上也会有小水珠。所有这些现象，都是因为温差较大引起的。同样，假如远道运输来的纸张，或堆放在仓库里的纸张，和生产车间的温度差距大于 8℃时，就容易使纸张表面吸收或释放水分而变形，使印品图文套印不准。

（4）车间温湿度控制不好

古人云：天有不测风云。一年四季，天气的变化情况很大，一天之中，早晚温差的变化也很大。如果生产车间的温湿度控制不好，就容易使纸张受到天气的影响，不断地吸收或释放水分而变形，使印品图文套印不准。

（5）纸张丝路方向不对

供纸厂商发来的纸张丝路方向不对，或同一批纸中的丝路方向不统一，既有横丝，又有竖丝，与印刷生产产生不可调和的矛盾，势必影响印品图文的套印准确。

（6）版面水分太大

印刷过程中，大部分操作者总是担心产品带脏报废，都喜欢把版面水分开大一些，版面上过量的水分通过橡皮布传递给纸张，使纸张吸水过多而伸长，引起套印不准。实际上，印刷版面水分大小是控制纸张伸缩的关键因素，版面水分越大，伸缩就越大。由于胶版纸的抗水性能差，吸水性能强，变形就更大。

解决方案

（1）质量不好的纸张要及时退换

对操作者来说，纸张的质量问题是没有办法解决的，只能积极地向企业主管部门反映情况，提供纸张质量不好的有关证据，要求供纸方退换。

（2）纸张的调湿处理

对出厂周期太短、性能还未稳定的纸张，可进行吊晾调湿处理，使纸张的含水量基本均匀，并和生产车间的相对湿度平衡一致。经过调湿处理的纸张尺寸就逐渐趋于稳定，使产品套印准确。当然，如果生产场地条件允许，也可以把纸张放在车间里搁置一段时间，纸张的印刷适性自然也会好转些。

（3）严防纸张渗水现象

坚决杜绝从仓库或卡车上移到印刷车间的纸张，因温差过大出现渗水现象（温差在8℃以上时，就会产生冷凝水），使纸张急剧吸收或释放水分而变形。在炎热的夏季或寒冷的冬季，由于室内外温差太大，凡是刚从外面运进来的纸张一律不能刚进入车间后，就拆包印刷。比较稳妥的办法是把纸放置车间1~2天，使纸张和车间的温湿度都比较接近时，再拆包使用不迟。

（4）加强车间温湿度控制

在胶印车间内安装空调、加湿机，注意保持恒温恒湿，防止纸张变形。印刷车间的温度应控制在18~25℃，相对湿度应控制在50%~60%，这样的环境对印刷比较有利。当然，出于生产成本的考虑，有许多企业并不具备保持车间恒温恒湿的条件，就应该在许多生产细节管理上下功夫。比如：随手关门关窗、适时洒水拖地、半成品用塑料袋罩好、纸张的科学调度、生产工艺的合理安排、上下道生产工序的紧密衔接，以及准确掌握天气预报的信息等。只要我们摸透纸张的特性，不断改善生产车间的环境，总能找到一些解决问题的方法。

（5）印刷前，空压一遍清水

把白纸空压一遍清水，强迫改善纸张的印刷适性。纸张和棉布一样，其纤维组织第一次吸水伸长后，就会产生滞后效应，对含水量的变化不再像第一次那样敏感，纸张的尺寸就可以基本稳定下来。这种做法十分有利于防止纸张在印刷中吸水伸长而影响图文套印不准，只不过加大了印刷的成本费。孰重孰轻，就要看产品数量的多少、交货期的缓急情况而定。

（6）尽量采用纵丝缕纸张

纸张有纵丝缕和横丝缕之分。新颁布的国家标准规定，单张纸尺寸后面的M，是表示纸张的丝缕方向与该尺寸边平行。比如：某纸张标识写明是889cm×1194cmM，那就表明1194方向是纸张的丝缕方向。

通常在印刷厂里，纸张的丝缕是以纤维与滚筒轴线的方向为基准而确定的：凡是印刷的纸张，其纤维排列方向与滚筒轴线平行者，则称为纵丝缕纸张；而纤维排列方向与滚筒轴线相垂直的纸张，称为横丝缕纸张。

我们知道，纸张中的植物纤维会根据所处的温湿度环境，自动吸收或释放水分，就容易引起纸张变形。实验证明：纸张纤维吸水后发生膨胀时，纤维直径方面的膨胀比纵向膨胀要大得多，通常有2~8倍。因此，对于套印比较精确的产品必须考虑其纸张纵横丝缕的变形规律。具体来讲，纵丝缕纸张的变形规律是轴向变形小，径向变形相对大一点，而横丝缕的纸张却刚好与之相反。根据印刷机对轴向变形无法调节，对径向变形可以通过滚筒包衬的加减来解决的技术特点，我们就应选用与印刷机滚筒轴向平行的纵丝缕纸，而且同批次印刷用纸的丝缕方向一定要全部保持一致。

（7）严格控制版面水量

纸张吸水的途径主要有两条：一是空气中的水分；二是印版通过橡皮布传递的水分。当印版上的水分过大时，纸张就会吸收大量的水分，就越容易伸长变形。如果采用书刊胶版纸印刷，情况就更严重。

因此，在印刷过程中，必须要用最小的水量和油墨相抗衡，得到符合质量要求的产品。拿酒精润版液和普通润版液相比，其表面张力大幅下降，更易润湿版面、水层薄、铺展性好、用水量小，纸张变形的情况就要好很多。正因为酒精润版有无可比拟的优点，才被迅速地推广应用开来。

故障实例分析：纸张丝缕方向不对引起的故障

我公司的1、3号小森机台同时承印一本书刊内芯，该产品采用的是80g/m^{2}胶版纸，开料尺寸是100cm×70cm，小全张上机印刷。在印刷过程中，发现其中1号机台的产品图文套印严重不准，相差40丝（4.0mm）以上，而3号机台却能够基本套印准确。

起初，我们觉得很奇怪：1号机台是新机器，在同一产品、同一纸张的情况下，印刷质量不可能比3号机台差，这次是为什么呢？根据故障排除法，大家分别详细地检查了胶片、飞达输纸定位、叼纸牙的清洁和润滑、开牙轴承的润滑，以及纸张传输过程中的气路调节、水墨平衡的控制、印版的安装等相关因素，都没有取得任何进展。后来，我们怀疑两台机器的纸张不一样，就各拿一把纸掉换印刷，结果发现1号机台能套准，3号机台却不准了。很明显，机器没有故障，而是出在纸张上。于是，我们就到仓库检查，发现造纸厂总共运送近100幢纸，主要存在下面三方面的质量问题。

1. 标签上的生产日期距今只有短短的15天。

2. 纸张厚度不一。经用千分尺测量，有的7丝（0.7mm），有的9丝（0.9mm），厚度相差2丝（0.2mm）。

3. 最致命的问题是纸张丝缕方向不一致。在近100幢纸中，标签上面注明的纸张尺寸有两种，且混乱堆放在一起。其中有一种写着710mm×1000mm，另一种写着1000mm×710mm。

由于小森机台采用小全张尺寸印刷，应该使用前一种纵丝缕纸张，而不应该使用后一种横丝缕纸张。但是，由于仓库管理人员不懂印刷工艺，不会区分纸张的纵、横丝缕，只管按领料单的数量、按纸堆的顺序往车间发纸，最终给产品质量问题埋下了隐患。再加之纸张的生产周期太短、厚薄严重不一的先天性缺陷，使三个问题互相叠加在一起，更加剧了图文套印不准的现象。

后来，我们立即和供纸厂商交涉，对有质量问题的纸张全部进行了退换处理。通过这一次故障的处理，我们进一步加强了对纸张的管理和生产工艺安排方面的完善，以免此类现象再次发生。

故障实例分析：纸张丝缕方向混杂引起的故障

我公司1号机台用128g/m^{2}的铜版纸印刷某一产品，发现有的套印准确，有的套印不准，似乎有些重影。机长自认为机器本身不会有问题，就找来另一种品牌的纸张印刷，结果发现全部套印准确。很显然，问题出在纸张上面。

经过进一步的仔细检查，发现每隔 4 张就有 1 张不准，而且很有规律。再查看纸张包装上的大标签，标明是由 5 个卷筒纸分切成平张纸的。由此判断，其中一个卷筒纸的丝缕和其他 4 个不一样，才会造成套印故障的。

后来，造纸厂派人来处理，也承认是他们的管理失误，把不同丝缕的卷筒纸混装了，同意立即把纸张调换，并赔偿部分损失。

讨论

纸张丝缕方向的确定方法

关于纸张丝缕方向确定的方法有多种，有撕纸法、拉扯法、指甲刮纸法、机械测试法等。这些方法有的不可靠，有的太麻烦。建议采用水纱布湿纸法，最为简便实用。方法如下：用水纱布在纸面上纵横向各抹一次，一会儿后，纸边卷曲的方向就是丝缕方向，如图 3–11 所示。

图 3–11　水纱布湿纸法

3.6.3　滚筒包衬不当引起套印不准的故障

胶印机使用包衬的目的有三点：首先是利用衬垫材料的弹性变形来产生所需的印刷压力；其次是弥补机器制造的精度误差和各印刷面之间存在的缺陷：第三是减少冲击和荷载，避免各滚筒壳体“硬碰硬”的接触，保护机械设备。

谈到滚筒包衬的调节，应注意抓住这样一个总原则：在印刷过程中，印版滚筒和压印滚筒的变形量几乎很小，可看作是刚性体，唯有橡皮滚筒是弹性体，有较大的变形量，受压时具有拉长的趋势，易产生相对滑动摩擦，所以橡皮滚筒的直径要相对略小，包衬不能过大。

在实际工作中，关于在滚筒包衬操作方面易犯的错误如下。

（1）在测量、计算滚筒包衬的厚度时出现差错。可能有个别机长还不会用千分尺；或经常看错读数；或把纸数错，给橡皮布中多垫了一张纸等。

（2）某色组印版或橡皮滚筒里面的局部包衬纸受潮变烂，厚度变薄。如果印版滚筒采用的是炮底背胶，也有裂胶、起泡等现象，引起套印不准。

（3）操作者安装橡皮布时，松紧程度不一，或某块新橡皮布没有二次绷紧，经过一段时间后变得松弛，使橡皮滚筒的实际直径在不知不觉中发生变化，引起套印不准。这方面的变化情况可能以气垫橡皮布较为突出，橡皮布变松的情况分为如下两种。

①新橡皮布使用一段时间后，橡皮布的应力松弛，会整体变松，使印品表现为从叼口至拖梢递增的“擀纸”现象，套印误差由弱到强。据观察，橡皮布太松时，图文印迹会变长。

②橡皮布局部松紧不等。当胶皮出现局部松紧不等时，会造成印张的整幅面受压不均，就会发生局部的套印不准或重影。产生的原因有：橡皮布裁剪形状不标准，即不是矩形、个

别夹版螺钉拧的不紧、铁夹板变形或弯曲、橡皮布和滚筒着力的头、尾部分破裂。还有最危险的原因是橡皮布夹板有一端未完全安装进槽，造成一边松、一边紧，引起套印不准。

（4）两个班次的操作人员对本机台的包衬量意见不一，不按标准操作。比如：甲班认为印版不耐印，就把印版包衬减去 5 丝（0.5mm），乙班认为第三色组压力不足，就又把橡皮布包衬加了 5 丝（0.5mm）。如此混乱下去，肯定会引起套印不准。

解决方案

其实，关于滚筒包衬不当的问题，只要操作者能够严格按照机器操作说明书的要求，加强工作责任心，精心爱护设备，规范化操作即可。另外，如果因为特殊情况要改变滚筒包衬，必须要讲究科学方法，做好交接班记录，以便下次再恢复正常状态。

故障实例分析：适当增减印版包衬，让图文套印更准确

十多年前，三号速霸机台承印某高档样册，采用的纸张为 128g/m^2 铜版纸，大对开尺寸印刷。由于设计方面的问题，该样册图案里面有很多镂空的英文字母，就是无法套准，其中的主要问题是第一色黑版伸长了约 20 丝（2.0mm），并伴有甩角现象。

尽管大家心里面都埋怨制版人员不懂印刷工艺，但此时生米已煮成熟饭，怪人家也没有用，只有自己想方设法解决问题才行。经过分析研究，我们怀疑产生该故障的原因可能有：

1. 印刷压力过大，纸张被挤压变形伸长；

2. 橡皮布松紧不一，产生变形；

3. 四色印刷时，纸张不断从各个机组的橡皮布上吸收水分，虽然铜版纸的吸水变形量比胶版纸小很多，但也不可忽视；

4. 该产品图文面积多，用墨量大，油墨对纸张的剥离张力就大，容易把纸张拉长。

于是，我们对机器进行了一些简单的调整，但没有收到明显的效果。在不得已的情况下，只得不厌其烦地把黑版包衬增加 5 丝（0.5mm）（隔 PS 版用的一张衬纸），并相应地减少橡皮滚筒包衬和增加印刷压力，很快就取得了成效。最后，再把黑版拖梢的尾角用顶版螺丝微微顶一下，镂空的英文字母终于完全套准。

在上述故障实例中，由于我们不能改变纸张承受压力和吸湿后伸长的客观事实，只能通过增减滚筒包衬来改变印迹的长度，实现印品的准确套印。

后来，凡是遇有此类故障，我们都采用此法，基本解决了纸张带来的套印问题。特别是针对长年承印书刊胶版纸产品的机台，更是直接采取在各组印版滚筒包衬依次递减、橡皮滚筒包衬依次递加的方法，使各个色组的印迹逐渐伸长，刚好抵消纸张逐渐变长后，对套印带来的影响。一般来说，只要把第一组的印版包衬增加 5 丝（0.5mm），橡皮包衬减少 5 丝（0.5mm）；第四组的印版包衬减少 5 丝（0.5mm），橡皮包衬增加 5 丝（0.5mm），基本就能满足印品的套印要求。

理论研究数据表明：印版包衬增加，图文尺寸缩短；反之，则伸长。经粗略计算，印版包衬每增减 5 丝（0.5mm），其满版的图文尺寸就相应变化 0.2mm。作为机器的操作人员，只要掌握这方面的变化规律，就可以轻松解决纸张伸缩带来的套印故障。

3.6.4 其他方面原因引起套印不准的故障

引起套印不准故障的原因五花八门，数不胜数。除了前面谈到的晒版胶片、纸张伸缩和滚筒包衬的增减外，还有以下几方面原因，应引起高度重视。

（1）飞达头输出的纸张不稳定

飞达头输出的纸张不稳，使纸张到达前规定位机构的时间、位置不对，造成印品的大小、来去方向套印不准。这里面既包括分纸吸嘴、递纸吸嘴、压纸脚，以及风量调节不当，也包括接纸轮、导纸轮、导纸毛刷、输纸线带和压纸挡板调节不当等原因引起的走纸不稳。

曾有一次，某公司五年前引进的一台海德堡机器因存在套印不准的故障，每小时只能开8000张速度。后经检查发现，该机器的飞达调节存在三个很有代表性的错误：一是递纸吸嘴不平行，一只偏向里面，一只偏向外面；二是输纸板上的前后两压纸轮距离太远，使纸张在传输过程中有瞬间失控现象，一旦机器高速运转，纸张的速度肯定不会同步；三是纸张到前规的时间太慢。当把这些错误一一纠正之后，机器速度立即提升到13000张/时，也能保持套印准确。

（2）定位机构调节不当造成的套印不准

主要有前规的位置不在一条直线、压纸舌高度不一、个别递纸牙开闭动作不一；拉规的工作时间不对、盖板高度不当、压簧力量不合适；纸角过于上翘或下趴等原因。

（3）叼纸牙因保养不善、调节不当或磨损造成的套印不准

关于叼纸牙方面的原因引起的套印不准故障确实非常多，首先莫过于牙排中的“死牙”问题。“死牙”的形成主要是润滑不良、牙座遇水生锈或各种污垢杂质堆积，造成叼牙不能活动，不能闭合，更不能对纸张产生足够的叼力。

其次是操作人员对叼牙或牙垫的调节不当。有很多操作者可能有这样一种误区：当叼力不足时，可以调节叼牙。殊不知，叼力是由牙座后面的弹簧产生的，而不是靠调节叼牙开闭时间获得的。如果这样调下去，肯定会使牙垫高度不一、叼纸时间不一，从而造成套印不准。

最后是牙片和牙垫的长时间磨损，在咬合面形成凹陷，对纸张的叼力不足，以至于产品套印不准。

（4）滚枕清洁不良

在大多数印刷者看来，滚枕是否清洁，应和套印没有关系。为了说明这个问题，请大家先看一个特殊的故障案例。

我们公司的一台四色机按惯例进行周保养，待保养结束后开机印刷，发现产品尾部有重影现象，且判断出重影就发生在第四色组。经检查，保养之前机器是正常的，说明该故障发生在保养之后。根据以往排除这方面故障的经验，我们对叼纸牙、滚筒包衬、纸张丝缕、水墨平衡等方面进行一系列的检查，实在找不出原因。后来回想起滚枕还有一小段没有来得及擦，就赶快擦完。当再次印刷时，故障居然消失了。

经分析：由于滚枕有一小段脏污，在合压印刷时，使印版和橡皮滚筒的压力产生周期性的变化，引起滚筒的轻微跳动，才使印品有重影，无法套准。

（5）印刷压力过大

印刷压力越大，纸张和橡皮布就贴得越紧，就越难以剥离，会造成两方面的危害。

① 纸张容易受橡皮布剥离拉力伸长，使后续色组的图文印迹套印不准。

② 叼纸牙无法克服纸张剥离时产生的拉力，即叼不住纸，引起叼口纸张滑移或破口，使后续色组的图文印迹套印不准。

（6）纸张吸水过多变形太大

在印刷过程中，由于操作者担心供水量小，引起产品带脏而报废，总习惯于把供水量故意加大，纸张纤维因吸收过多的水分而变形，带来套印不准。如果我们仔细观察四色机印刷

的产品，一般都是第一色的图文印迹最长，第四色的图文印迹最短。那是因为纸张从第一色开始，依次吸收水分，逐渐伸长所导致的。

因此，我们在印刷中一定要严格控制供水量，准确掌握水墨平衡，才能克服套印不准的故障。经常发现操作者在刚启印时，总是先把水辊落下，等印版上足了水分，才进纸合压，导致刚印出的几十张产品墨色浅淡，且又套印不准。这种做法很不好，会对批量产品质量带来严重的影响。

（7）油墨黏度太大

油墨黏度对印品的影响体现在很多方面。如果油墨黏度过大，容易引起传墨不匀，橡皮布堆墨等现象，而纸张表面，也会出现拉毛、剥纸的现象。即使能够勉强印刷，也会因橡皮布上的油墨对纸张的剥离力太大，造成纸张拉伸变形，使产品套印不准。

油墨黏度过大的情况一般有两种：

① 在寒冷的秋冬季节，印刷车间温度较低，油墨黏度增大；

② 下班时不洗胶辊，油墨在胶辊上长时间停留，或因某个色组不用，油墨在胶辊上较长时间空转，导致溶剂挥发，油墨黏度增大。

为了防止油墨黏度过大，一是要加强车间的温度控制，二是操作者要善于根据产品、纸张、环境温度的具体情况灵活地调节油墨黏度。同时要培养良好的操作习惯，及时清洗胶辊。

（8）机组间的风量调节不当

纸张在传递过程中，每个机组之间都设有吹风装置，目的是为了保证纸张的正反面无擦痕、无刮脏、无接触。由于纸张厚度不同，需要的风量就不一样，否则就会产生各种故障。

如果风量过小，较厚的纸张就会刮脏；如果风量过大，较薄的纸张就会被吹得抖动不稳，影响后几个色组的图文套印准确。因此，在实际操作过程中，遇到各种纸张不断更换时，要及时调节各个机组间的风量。但是，有些操作者常常疏忽大意这一点，遇到产品套印不准时，还瞎找原因。对此，大家要吸取教训，注意养成好的操作习惯，有条不紊地进行工作。

3.7 收纸故障

收纸是胶印机操作的最后一环，胶印机收纸台的收纸要求是收得齐、堆得平、不能有折角和油污脏污。印刷半成品时，还要特别注意印品的拖梢和叼口不能混乱，正反两面不能颠倒。如果该装置发生故障，印刷工作就无法正常，并给产品的检验、折页、装订等方面工作带来诸多麻烦。

胶印机收纸方面的故障很多，操作时要全面检查、综合分析，有针对性地解决问题。

收纸不齐是印刷中最常见的故障之一，造成收纸不齐的主要原因如下。

（1）版面水分控制不当，纸张吸水过多

当印版水分过大，纸张纤维就会吸水膨胀，使纸张变得松软而卷曲，使齐纸板无法把纸张理齐。

解决方案

印刷过程中，应该严格控制版面水分，在不脏版的前提下，使用最少量的水，以减少纸张的弯曲变形，避免收纸不齐。

（2）印品图文面积大，纸张卷曲不平

在印刷实地面积较大的印品时，纸张会有向下卷曲现象，如果是纸张比较薄、油墨黏度比较大、墨量也比较大的产品，情况就更严重。比如：我们经常用 80g/m^2 的单面铜版纸印刷酱菜商标，用 128g/m^2 的铜版纸印刷春联等，这些产品就很难收齐。

解决方案

在印刷满版实地时，可采取适当降低印刷速度、降低油墨黏度、适当减轻印刷压力的方法，达到收纸整齐的目的。同时在选择纸张时，应事先考虑纸张的丝缕方向，与机器进纸方向一致为最佳。

（3）收纸机构的吹、吸风调节不当

当收纸牙排经过开牙导轨放下纸张时，纸张要受到两方面控制：

① 吸气减速轮通过吸风吸住纸张的尾部，使纸张的运动速度很快降下来；

② 收纸台上方的吹风扇以及吹风杆，通过吹风往下压，促使纸张落到收纸台板上。

上述两方面的吹、吸风机构的控制一定要协调配合，才能把纸张收齐。如果有一方面失效，纸张就无法收齐。

解决方案

关于吹、吸风的调节，应遵循一个总原则：纸张越薄，风量越小，反之则大。除此之外，就没有任何固定的模式和数据，完全凭借操作者的经验来灵活调节。如果感觉风量紊乱，实在无法调节，就要注意检查以下方面：

① 吸风过滤器是否堵塞？吸气轮是否堵塞？

② 吹风扇是否转动？

③ 吹风扇上方可能有纸，影响吹风气流量。或者是个别吹风扇的风量太大或太小，和纸张下落的速度不相符。

故障实例排除：吸气轮堵塞导致收纸不齐

不知道从什么时候起，1 号海德堡四色机的收纸越来越不齐，尤其是薄纸时更严重，产量和质量都受到影响。

面对故障，我们先打开脚踏板下方的总吸气管查看，感觉风量还行，就接着检查各个吸气减速轮，发现有个吸气轮上露出一丝棉纱头，心里估计是有纱布吸进去了。当拆开吸气减速轮一看，发现里面不仅有纱布，还有多年积累的纸灰、污物堵住吸气口。于是，一不做二不休，干脆把七个吸气减速轮全部拆下来清洗一遍，如图 3-12 所示。

经过清洗重新安装后，收纸不齐的故障终于排除。

图 3-12　吸气减速轮

（4）齐纸板调节不当

齐纸挡板的左右前后位置调节，应与印刷纸张的尺寸大小相同或稍大一点即可。既不可夹得太紧，又不可放得太松。

如果是印刷小全张的产品，还应更换成由机器专门提供的大号齐纸板。此外，如果收纸台前后左右的理纸挡板摆动时间不对，会使纸张在下落过程中受到阻碍，不能顺利地落入收纸台，也会导致收纸不齐。此时应调节好理纸挡板控制凸轮的位置，使它的摆动时间与收纸叼牙放纸的时间协调一致，才能保证收纸整齐。

（5）收纸牙排上的叼牙开闭时间不一致

叼牙开闭时间不一致，自然会使各个叼牙在交接纸张时的动作有快有慢，造成收纸不仅无法调节，也无法收齐。有些操作者也能够发现这方面存在的问题，但不会调节，或者东调一个，西调一个，结果越搞越糟糕。

解决方案

关于收纸牙排上的叼牙开闭时间是可以调整的，但一定要掌握正确方法，具体如下。

① 把收纸牙排清洗干净，尤其是牙排开牙轴承上的靠山处；并点动机器，趁牙排开牙时，将一张厚度为 15 丝（1.5mm）的纸条插入叼牙靠山，如图 3–13 所示。

图 3–13 收纸链条叼纸牙排靠山

② 把机器反点回来，此时纸条已被靠山紧紧夹住。

③ 用内六角扳手松开所有叼牙片上的固定螺丝（千万不能调牙垫），如图 3–14 所示。

④ 然后把牙片一一合上牙垫，再把固定螺丝全部锁进。

⑤ 再点动机器，待牙排开牙，抽出纸条即可。

通过这样的调节，就可以保证所有叼牙的开牙动作整体一致，不会造成因开牙时间问题，把纸边叼破或落纸不稳、不齐。

图 3–14 调节叼纸牙片

（6）其他方面的原因导致收纸不齐

除了上述已经分析的原因外，导致收纸不齐故障的原因还有：

① 开牙导轨调节时间不当，开牙过早或过迟；

② 纸张质量原因，如平整度和匀度差，往往导致纸张进入收纸台时出现下卷、上翘、起弓、起皱、荷叶边等现象；

③ 天气干燥，纸张含水量低，纸张带有静电，收纸不齐；

④ 在印品墨量大，印迹不易干，而喷粉量太小的情况下，印品之间的油墨不能及时干燥，有粘连现象。

⑤ 收纸链条出现磨损，使链条叼纸牙的交接时间不稳定，从而造成纸张无法收齐，如图 3–15 所示。

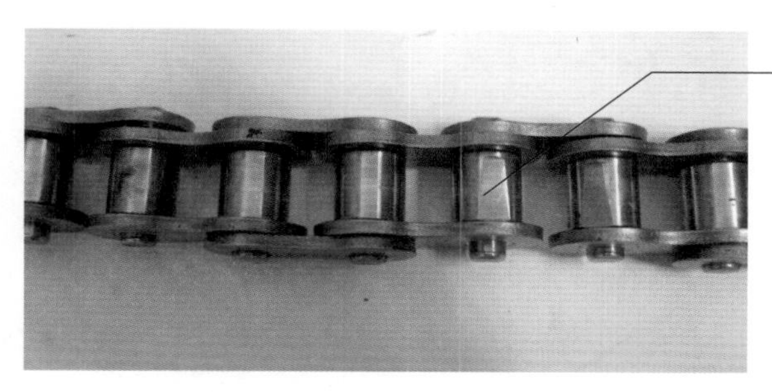

图 3–15　链条上滚套的磨损

案例篇

本章节所介绍的十六个典型案例是笔者多年实战经验的记载和总结。在这些案例中，有关于油墨、纸张、印刷工艺或气管方面的，也有关于新机器叼纸牙质量、机器润滑等方面的。通过案例的学习，才能更加深刻体会到“失败是成功之母”的哲学内涵。在工作中，每个人都难免会犯错误，但却不能容忍经常犯同样的错误，否则就不能进步。

- 解决问题的方法要创新
- 敢于怀疑，科学求证
- 粗心是工作的大忌

作为一名多色胶印机的机长，不仅要善于分析问题、解决问题，更要善于在工作中不断总结经验和教训，才能更好更快地提高自己的技术水平。笔者自担任机长以来，就养成了爱记工作笔记的好习惯，闲来无事时，再把笔记本经常拿出来翻阅和思考一下。就这样日复一日地坚持下去，在不知不觉之中，自己的技术水平不断迈上新台阶。现就从多年的工作笔记中，精心整理出一些比较典型的印刷案例，供大家学习参考。希望能进一步激发大家对印刷技术的学习兴趣，不断积累经验，提高操作技能。

4.1 飞达下纸时间不稳定

调节飞达的下纸时间，起码要注意两点：一是接纸轮，二是前挡规。只要把这两个时间关系调准确，再注意调好风量的大小、吸嘴的高低、输纸轮的压力、输纸线带的张力等，就能够基本保证飞达的正常工作。但除此之外，笔者遇过一个特殊案例，使飞达不能正常工作。

案例

案例介绍

2011 年 10 月 15 日，小森四色机的机长反映该机器的飞达输纸时间有时准确，有时又不准，让他们搞不懂究竟是什么原因，始终无法正常开机。由于产品交货时间特别急，我赶忙去现场查看原因，首先从飞达的调节入手，分别对各个吸嘴、接纸轮、导纸轮、毛刷轮、输纸线带、前规、侧规等部位一一进行规范化调节，解决了一些简单的问题后，经开机印刷，一切都暂时恢复正常。可过了一天，类似问题又重复发生，而且两班机长都反映这种现象时有发生，有时又莫名其妙地消失了。

案例分析

据此判断，估计是机器的传动部分出了故障。通过仔细的分析研究，我们总结了飞达输纸时间不当的原因可能有：

（1）飞达传动链条与主机连接的时间不对，有较大误差；

（2）机器长时间使用后，飞达与主机连接的链条被逐渐拉长变松，链条在传动过程中出现宽幅抖动，与机器罩壳发生碰撞，使下纸时间不稳定；

（3）在许多进口高速机中，飞达输纸部位都有一套减速机构，当其中的齿轮、轴承、轴头等部位出现一定的磨损后，下纸时间就会发生错乱；

（4）飞达头与传动万向轴的配合时间不对；

（5）在飞达输纸板下方的离合器因磨损、油污等原因，造成飞达与主机连接的时间不能保持一致，使飞达下纸时间或快或慢，始终处于不稳定状态，如图 4–1 所示。

图 4–1　连接飞达运转的离合器

根据目前飞达下纸时间不稳定的情况，可以直接排除上述第（1）、（3）、（4）种原因的可能性，而第（5）种原因的可能性应该比较大。

处理方法

于是，我们就将目标转移到离合器上。先点动机器，使飞达输纸板下方的离合器啮合，在其表面横向画了一道红色记号线，然后依旧点动机器，并不断地打开和关闭飞达，发现离合器在啮合时，记号线有时能对齐，有时却相互错位近 5cm。这种现象说明该离合器不能在某个固定位置上啮合，使飞达输纸时间和主机的工作时间不能协调一致，所以造成以上所谓时有时无的故障。

此时，有人提出离合器通电后，应该可以在其他任意位置啮合，以带动飞达工作的错误观点。为了进一步证实我们的分析判断，打消个别操作人员的疑虑，我们又用同样的方法查看其他机台离合器的工作情况，结果确实都是在固定位置上啮合。

那离合器为什么不能在固定位置上准确啮合呢？主要原因有两点：

① 离合器的两个啮合面粘有许多灰尘和油污，产生打滑现象；

②离合器的两个啮合面在长期反复啮合的冲击力下，产生一定的磨损，出现打滑现象。

不管什么原因，我们先切断机器电源，用毛刷清除离合器上的油污，再用少许汽油对着啮合面清洗，并用吹风管彻底地把离合器吹得干干净净，以免残余的汽油在离合器工作时被燃烧起来，如图 4–2 所示。

当我们做完清洁工作后，再重新试机，飞达输纸时间终于完全恢复了正常。

图 4–2 小森四色机飞达离合器

4.2 纸张表面强度差怎么办

对操作者来讲，不管厚纸、薄纸，只要表面强度没问题，就不影响印刷。否则，光不停地洗印版、洗橡皮布，就得把操作者累死。一旦遇到表面强度差的纸张，究竟该怎么办？如果简单地换纸，企业要受损失；如果坚持继续印刷，产品质量难过关。能不能找到最佳方案，就要充分发挥大家的想象力了。

案例

案例介绍

2002 年 12 月 5 日，我公司海德堡机台承印一家外资企业的 DVD 包装盒，数量是 5 万只。该产品只有黑和深蓝两色，其中深蓝色接近于满版，采用 250g 白板纸印刷。

在正式印刷之前，我们就已经充分考虑到该产品的特点和纸张的质量因素，特地多晒了一块深蓝色印版，采用一黑两深蓝共三个色组印刷，以减轻纸毛、纸屑、墨皮对产品质量的影响。同时，也提前往油墨里添加一些去黏剂，适当减小印刷压力，控制好水墨平衡等，待一切准备工作做好以后就正式开机印刷。但让人没想到的是：这批纸张的表面强度太差，使印品上不断出现纸屑或墨皮，害得机台上的辅助工不断地擦洗印版和橡皮布，严重影响产品质量和生产效率。尽管我们很辛苦，也非常诚恳地向客户进行一些解释，但客户并不因此而降低质量标准，坚决不肯接受这样的产品。至此，生产就完全停了下来。

案例分析

只要一提起纸张表面强度方面的问题，相信我们所有的胶印机机长都是深有同感，且又深受其害。从企业经营的角度来讲，不可能花很高的价钱去购买市场上最好的纸张；而从机器操作者的角度来讲，恨不得用最好的纸张，所有承印的纸张如铁皮般坚强，从不掉纸毛、纸屑，从不需要清洗橡皮布。面对这么一对矛盾体，大家肯定会感到非常纠结。既然采用降低油墨黏度、减小印刷压力的方法，都没有效果，确实只有一个办法：把纸张换掉，换质量更好的纸张。

可是，在日常具体的生产过程中，当发现纸张掉粉、拉毛或剥皮时，这批产品的纸张都已裁切好，而且又印刷了一小部分，此时要想更换纸张，势必会造成很大的损失，这在一般情况下几乎是不可能的。对此，我们能否采取一些应急措施，从印刷工艺方面进行调整和控制，减少或消除掉粉、拉毛现象，以最大限度地提高产品质量，避免各种损失的发生呢?

处理方法

面对纸张质量和产品质量的矛盾，面对客户利益和企业利益的矛盾，我们究竟该如何处理？经过苦思冥想，我终于想到了一个办法：由于该产品只有两色，可以在前一色组再增加一块印版，试用 05−90 亮光浆打底印刷，使纸张表面附加一层油之后，后一色组油墨不直接和纸张表面接触，就不会对纸张表面产生过大的剥离力，也许就不会产生恼人的纸毛、纸屑。

想到这里，说干就干。积极带领大家一边换色，一边晒版，经过试印刷，发现实际情况比我预想的效果更加好。由于纸张经过亮光油打底后，变得更加光滑，使叠印上去的深蓝油墨也更加饱满、有光泽。当客户再次看样时，不禁连声称赞，非常满意。

就这样，该产品终于如愿以偿地以高质量、高速度地完成印刷。只是在印刷过程中，一定要事先注意亮光油不能印得太深，后色叠加的油墨层不宜太厚，同时必须适当加大喷粉量，以防印品上下油墨粘脏而造成质量事故。

当然，我们不能指望亮光油打底的方法来解决所有的纸张表面强度问题，还要视具体的产品、具体的情况来分别对待。比如：采用四色机印刷四色产品，已没有多余的色组，倘若再用油打底印刷，就要分两次，就会浪费生产工时，还不如采取换纸的方法划算。

作为印刷企业，不能一味地追求利润而采购劣质的纸张进行生产，由此引发的质量纠纷和工时消耗，也许会得不偿失。

4.3 新机器套印不准怎么办

大家知道，当胶印机使用多年后，由于机器的自然磨损，肯定会出现套印不准的现象，而且会越来越严重。但也有个别新的机器，由于某些零部件的性能不好，就会存在很严重的套印不准的隐患。对此，我们如不及早发现，及时处理，就可能给企业造成不利后果。

案例

案例介绍

2010 年元月，我公司投资一千多万元从德国引进了一台全新的海德堡多色胶印机，该机器和十年前相比，有非常大的技术改进，从增强型飞达、气带传输纸张、气动式拉规、全自动装版、全自动清洗、无接触气垫传递，到油墨烘干、收纸装置等，处处体现着世界王牌印刷机的风范。机器投产后，机台的产量、质量和操作者的奖金都大幅度上升，能有幸操作这么好的机器，确实很开心。

可机器使用了近一年后，就经常出现套印不准的毛病。具体表现为产品的图文面积越大、越不对称，情况越严重，不管是用 105g/m^2、157g/m^2、250g/m^2 的铜版纸试验，都存在套印不准的质量问题，而且没有任何规律。

案例分析

我们知道，引起产品套印不准的原因主要有这么几个方面：

① 制版时，图案本身不准；

② 飞达输纸不稳；

③ 纸张本身拱皱不平；

④ 装版时，印版版夹扭曲变形，或手工拉版变形；

⑤ 传纸过程中，叼纸牙交接时间不稳定；

⑥ 环境温度太低，油墨黏度太大，油墨通过橡皮布转移时，对纸张的剥离张力过大，使叼纸牙无法紧紧叼住纸张，纸张在叼牙中产生一定量的滑移；

⑦ 印刷压力过大，同样也会使纸张产生一定量的滑移；

⑧ 叼纸牙垫表面脏污、叼纸牙润滑不良、叼牙片开闭时间不同步、牙轴开牙轴承损坏等，都会产生套印不准；

⑨ 滚筒包衬不一、包衬过大；

⑩ 水墨平衡控制太差，局部水分偏大。

关于以上影响产品套印的若干因素，我和两位机长先后进行了多次研究分析，由于这是一台新机器，大家都非常爱惜，各项清洁润滑保养方面的工作都做得很好，不可能这么快就有问题。退一步讲，凭借海德堡机器的世界品牌声誉，凭借我们二十多年的操作经验，即使这台机器没有保养好，也不可能有多大的问题。

经过百般思索，有一个现象引起我的关注：为什么在我们采取降低油墨黏度，减小印刷压力的措施后，就基本能够套印准确？难不成该机器叼纸牙的叼力有些先天不足？

处理方法

当我提出这个疑问时，很多人都说这是不可能的事。海德堡机器的设计和制造质量世界一流，根本不用怀疑，其叼纸牙的叼力肯定是经过大量的科学测试，肯定是操作方面出了问题。

由于大家的看法不一，加之新机器的合同保修期即将到期，我们赶紧拨打了海德堡中国有限公司上海代表处技术服务部的电话，向工程师详细反映该机器套印不准的问题，以及我内心的疑问。

没过几天，海德堡工程师立即来现场查看实际情况，经过认真分析，基本同意我的观点。一致认为是叼纸牙的弹簧质量不好，其弹性性能较差，经过一段时间使用后，有可能出现弹性疲劳，使叼纸牙的叼力逐渐下降，带来印品的套印不准现象，如图 4–3 所示。经他们向海德堡公司报告，决

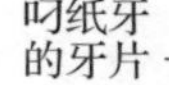

图4–3 压印滚筒的叼纸牙

定对该机器压印滚筒的叼牙弹簧全部免费更换。

又过了半个月，海德堡工程师带来了180个崭新的弹簧，只用了一个工作日，就全部更换完备。经过测试，印品套印不准的问题终于得到圆满解决。

通过这个案例，有两点值得我们深思：

① 不管是空客飞机，丰田轿车，还是海德堡印刷机，其产品质量不可能十全十美，我们不能太崇拜，遇到问题要敢于怀疑；

② 海德堡公司和海德堡工程师的服务都非常及时、到位，特别是工程师一丝不苟的工作作风值得我们所有的操作者学习。

4.4 专色油墨的调配

什么是专色？专色是指在印刷时，不是通过印刷C、M、Y、K四色合成的颜色，而是专门用一种特定调配的油墨来印刷该颜色。

操作者要想印好专色油墨，首先必须要会调墨。不管印刷厂的规模大小，不管厂里有无专业的调墨师，都一定要学会手工调墨。否则，就不能做一名称职的机长，就不能提高工作效率。对此，笔者有非常深刻的体会，现介绍一次碰巧成功的印刷案例，来阐释其中的一些经验技巧。

案例

案例介绍

我公司四色机台承印黄灰专色的产品。我首先对照色谱，仔细分析了该专色的油墨成分，估计Y、K和冲淡剂的比例约在2∶1∶2左右，然后就选定黄色组，直接在墨斗里按比例调配专色油墨，并在黄色胶辊上均匀涂抹一两黑墨、二两冲淡剂，就开始做印刷调试工作。当印了百十张废弃的过版纸，把印版十字线校准后，发现印出来的专色的色相与原稿比较接近，只是颜色偏深了一些，就立即用一张纸卷入胶辊吸掉多余的油墨，经再次试印，确认产品颜色已基本一致后，即正式开机生产。

后来，机台上的副手有些不解地问我：为什么这么快就调好专色墨？为什么不需要清洗胶辊，就能直接开机印刷？当时我笑答道：也许是瞎猫逮住死老鼠——碰巧。

专色油墨调配要点

在实际工作中，我们不能总指望碰巧来搞定某一个专色产品，而只能靠自己平时点点滴滴的学习和积累，然后才能有好的感觉、好的判断，然后得到最好的结果。要做好专色油墨的调配，需要掌握以下三个方面的本领。

（1）悉心体会，察颜辨色

凡是印刷工作者，一定要有“察颜辨色”的本领，才能把工作干好，也才有可能学会调配油墨。这种本领不是与生俱来的，而是通过对生活和工作的不断感悟得来的。

在生活中，时时处处要做有心人，要仔细观察各种自然景象的色彩变化情况，增加自己对色彩的准确记忆和真实感觉。比如：春天的树叶是浅绿色，黄色的比例多一些；夏天的树叶是深绿色，蓝色的比例多一些；秋冬的树叶是枯黄色，黄、红色的比例多一些，蓝色就又少了。

在工作中，要经常对各种产品的颜色进行比较，挑选出最符合原稿、最符合实物、最符合自然美的样张保留下来，进行分析研究，或经常做自我评价、欣赏，或和同事们经常讨论交流，就可以不断提高自己辨别色彩的能力。

如果我们能这样长期坚持下去，就可以不知不觉练成“察颜辨色”的功夫。正所谓熟能生巧、水滴石穿，道理就在于此。

（2）基本掌握油墨色彩的变化规律

只要谈到油墨色彩的变化规律，就必须要学习基本的光色理论，学习印刷专业书上介绍的三原色“基本十色图”，从而了解三原色油墨混合后的色彩变化规律。

根据色料减色法原理，三原色油墨等量混合调配后，可得到近似的黑色；三原色油墨以不同比例混合调配后，可得到各种不同的复色；两原色油墨等量混合调配后，可得到近似的标准间色。再加入不同比例的冲淡剂，油墨的亮度和饱和度都会随之变化。

其次，还要准确掌握油墨厂生产的各种原墨的色彩特征，深入了解各种原墨的偏色程度。只有脑海里的印象深刻了，才能在调配油墨时，选择最接近的、最少的原墨种类快速完成调墨工作。比如：

橘红→金红→大红→深红，偏黄的程度越来越小；

淡黄→中黄→深黄→橘黄，偏红的程度越来越大；

孔蓝→天蓝→中蓝→品蓝，偏红的程度越来越大。

（3）多动手，实践出真知

古诗有云：纸上得来终觉浅，绝知此事要躬行。当我们通过长期的观察、学习和思考后，就要在工作中不断进行摸索和经验总结，几经磨炼之后，才能基本掌握调墨的技巧。

但在工作中，我发现操作者几乎都怕动手，或者不敢动手。只要他们遇到专色墨与原稿不太相符时，似乎只知道喊大师傅或主管来调整油墨。其实有很多问题并不大，只要稍微加入一点点红墨或黄墨即可，但偏偏不会调，不肯调，或者怕承担责任不敢调。长此以往，即使理论再丰富，也没有用。其实，调专色墨是一件很好玩的事情，色彩的千变万化，尽在自己的掌握之中，岂不其乐无穷？

专色油墨调配方法

在实际工作中，当我们拿到一张原稿，手工调配专色油墨时，应重点掌握以下方法。

（1）首先要预估好专色油墨的耗用量。根据经验得知，每1000张正度对开铜版纸满版实地印刷时，约需1kg油墨。计算实际用墨量时，可略微多加一点，尽量避免生产时缺墨。

（2）仔细分析原稿的色相，并查询色谱，确定主色和辅助色，及其大致的比例。争取用最少的油墨品种调配好专色墨。因为用的油墨品种越多，色彩越暗。

（3）调配深色油墨时，先将主色墨放入墨盘，再逐渐加入辅助墨。

（4）调配淡色油墨时，先将冲淡剂放入墨盘，再逐渐加入辅助墨。

（5）专色墨调和均匀后，可取一丁点油墨，用两纸片互刮，使其墨层厚度与机器印刷的墨层厚度基本一致时，剪取最理想的一角，在朝北窗口的自然光下和原稿认真比对，直到相符时为止。

（6）观察色相时，应注意避免不同光源、不同纸张颜色对色彩的影响。

（7）对于色彩难以辨别的原稿，可先少量调配试样，待取得准确的配比数据后，再进行批量调配，以免造成油墨浪费。

（8）每次调墨所用的配方和印刷样张等原始资料要详细记录，作为技术数据妥善保存。便于以后再次调墨时参考，及时总结经验。

4.5 印刷换色技巧分析

当我们学会调墨，把专色墨调好后，还要经过对机器色组的清洗换色，才能生产出和原稿相符的产品来。有时候，尽管专色墨调得很棒，但由于一些操作者不懂得把色组如何清洗干净，使印品的颜色与原稿相去甚远。这不，我就曾吃过这样的苦头。

案例

案例介绍

有一次，我们四色机台承印一批浅粉红色的包装盒，恰巧机长临时请假，只得由我独立操作。由于工作经验不足，就选择最后一个黄色组清洗换色。本来以为只要不怕辛劳，多清洗几遍胶辊就可以搞定，但接连清洗了三四遍，印品的颜色还是明显偏黄。我很不甘心，又接着再找一些过版纸，再把胶辊清洗几遍，就这样马不停蹄地干了五六个小时，忙了一身臭汗，结果就是不能搞定。无奈之下，只得红着脸，草草地收工，交由对班的师傅印刷。

这件事给我印象很深，对我打击很大。但失败是成功之母，通过进一步的学习后，渐渐地掌握了这方面的技巧。

换色操作的技巧

对于换色这项工作，真的是看似容易做起来难，确实需要有一定的知识和技巧，才能使专色印刷不再麻烦。后来，通过多年的实践经验，我觉得要掌握以下几点。

（1）首先要学习光色理论方面的有关知识，掌握油墨色彩变化的基本规律和减色法原理。熟悉“基本十色图”的组织及其演色方式，并且能联系生产实际，反复揣摩、运用。

（2）当我们接到一个专色印件，心中要对该专色的组成有个大致的分析，其中应由哪几种原色墨调配而成？大概的比例是多少？比如，橘红色是黄墨多红墨少，雪青色一般是红墨多蓝墨少，咖啡色一般是黄、红各半加些黑墨，如果是浅专色，还要有大量的冲淡剂。

（3）一般来讲，当浅色墨换成深色墨时，对胶辊的清洁度要求不高；而当深色墨换成浅色墨时，则对于胶辊的清洁度要求就较高。它要求浅色墨不能被深色墨所污脏，浅色墨中不能有深色墨的影子。因此，必须把墨斗、墨铲、水墨胶辊等全部清洗干净。

（4）要选择和待印专色色相中有相近之处的色组来洗车换色。现在多色机比较普遍，选择色组的灵活性比较大，一旦选错了色组，那肯定是吃力不讨好。例如印橘红色时，千万不能选择蓝色组，而应选黄或红色组；银色千万不能选择红色组，而应首选黑色组。因为这样做，比较容易换色，即使洗车时不是很干净，也不会对产品质量造成明显的影响。

（5）在选择好色组，准备洗车换色之前，还要根据待印专色的色相分析，在胶辊上预涂些专色中所含有的其他原色墨。也就是说，如果专色是金红色，那就在原来的红色组上涂些黄墨；如果是咖啡色，那就在红色组上涂些黄墨和少量的黑墨。然后，让机器运转一会儿，再用洗车水清洗掉。这样做的好处，是让胶辊上涂的油墨色相在清洗之前就已大致接近于专色色相，清洗一下就完全可以了。即使洗不干净，残留一些余墨，也不会对产品颜色产生太大的影响。

（6）为了使胶辊在较短的时间内有效清洗干净，必须要保证各胶辊间压力、洗胶器橡胶条和串墨辊间的压力正确。否则，无论怎么洗也难以清洗干净。另外，对胶辊两端要着重多洗一会。因为胶辊在使用一段时间后，大多呈橄榄形，两端橡胶易老化，产生龟裂、斑点，残留其中的油墨不易清洗，从而影响到印品的色相。当然，在必要的时候，也可借助些清洗剂，如起积水、起积膏等，只不过使用成本稍大些。

总之，无论做什么工作，都要靠知识和经验的积累，掌握一定的工作方法和技巧，才能省时、省力、省钱，收到事半功倍的效果。

4.6 叼纸牙中的“牙垢”

做机长真不容易，每天都要处理各种各样的印刷故障，稍有耽误，就会影响生产进度。前不久，我就碰上了一件怪事——印刷机的叼纸牙也需要经常刷牙。

案例

案例介绍

有一次，某机台承印长对开的杂志封面，纸张不断黏附在第四色组橡皮布上，此种故障俗称为“剥皮”。我立即采取了降低油墨黏度、适当减小印刷压力等措施，但故障依旧。我想：是不是第四组压印滚筒叼牙有问题？

抱着这样的思路，我用小撬杠一一撬动叼纸牙板进行检查，发现都很灵活，没有一个是死牙。按说，这台机器定期保养工作做得很好，叼牙不可能因缺油引发故障。难道是叼牙咬力不足？

于是，我用牛皮纸条插进叼纸牙，进行叼力测试。果真发现有几个叼牙咬不紧纸，就报着试试看的心理，用内六角扳手来调节咬力，结果是一点变化都没有。接着，我又小心翼翼地取下叼牙撑簧，把叼牙片完全翻起来，才发现了真正的谜底。原来，叼牙片下面的缝隙处积满了许多油泥、粉块，正是它们阻碍了叼牙和牙垫的完全闭合，使其不能正常叼纸，引起纸张不断剥皮。待我清洗粉块后，故障终于得以排除。

案例分析

这种故障应是一次特例，并不常见，主要是因为第四组压印滚筒叼牙最靠近喷粉装置，长期受污染造成的。也许我们保养工作做得并不错，经常揩擦牙片、牙垫，给各个油眼都定期加油，但却忽略牙片下面那些不易清洗的部位。这就像我们尽管每天都坚持早晚刷牙，但却不能有效清除牙垢一样，虽然外表看起来很白、很健康，但牙病还是时有发生。可见，在保养叼牙时，工作要进一步深入、细致，要把所有的“牙垢”全部清洗干净，机器的运行质量才会更高，产品质量才会更有保障。

4.7 油墨的灵活应用

印刷离不开油墨，平常我们都是把油墨罐子一打开就用，但能否用好也却是非常有讲究的，否则肯定会出现各种故障。

关于油墨的灵活应用，我想选几个最典型的实例来略谈一二。

4.7.1 油墨的叠印不良案例

有一次我承印一批手提包装袋时，出现后色组的红色网点和前色组的青色实地叠印不良，产品上有许多红色花斑。尽管我一再降低红墨的黏度，期望提高红墨的叠印率，但却丝毫没有明显效果。无奈，只好又把青、品红色序对调，问题才得以彻底解决。

案例分析

多色机是在很短的时间内完成印刷的，油墨的叠印方式是湿压湿，如果印刷色序不当，其油墨叠印率就大幅下降。因此，根据多色机的特点，在安排其印刷色序时，要遵循以下基本原则。

（1）根据胶印油墨透明度的差别，透明度比较差的先印，透明度比较高的后印，这样能提高油墨叠印后的呈色效果。

（2）依据印版图文面积安排。即印版图文面积小的先印，图文面积大的后印。

（3）根据油墨黏度大小顺序来安排，黏度大的色墨先印，黏度小的色墨后印，依次逐色降低油墨黏度。如果印刷需要，黏度大的色墨确实要放在后色组印刷，应先将其黏度用去黏剂适当降低后才能正常印刷。否则，就会产生逆套印故障，即油墨混色现象。比如：当机器的叼纸牙磨损，黑字有重影故障时，可以调整色序，把黑墨安排在第二、第三或第四色组印刷，但要及时降低黑墨的黏度。

（4）根据原稿的特点确定色序。如以暖色调为主的人物、彩霞，应青色在前，品红色在后；如以冷色调为主的冰川、雪景，则品红色在前，青色在后。

总之，印刷色序的安排，既要坚持一些基本原则，也要根据实际情况灵活调整。在上述案例中，故障的原因在于青色是实地、墨层厚，品红色是淡网、墨层薄，当红墨印在又湿又厚的青墨层上时，肯定会产生油墨叠印不良现象，印出来的网点虚浮，呈不规则扩大，以至于出现斑纹，很不平服。而当色序对调后，红色网点印在白纸上，非常结实平服，青实地叠印上去后就不会再有问题。

4.7.2 油墨对纸张的剥离张力案例

有一次，某机台承印一满版酱色的牛肉酱商标，用纸为 80g/m^2 单铜。印刷时总是套印不准，且第四色组橡皮布上不断粘纸剥皮，该机机长便怀疑叼牙有问题，对叼牙反复清洗和加油，仍无法解决。后来我查看了情况后，即把黑、红、黄的油墨用去黏剂调了一下，再把各色组的印刷压力尽量减小，结果故障排除，一切恢复正常。

案例分析

满版的大墨量产品，油墨的黏度和印刷压力千万不能过大，再加之纸张较薄，纸张难以克服过大的印刷剥离张力，就会产生套印不准、纸张卷曲，甚至会使叼牙无法把纸从橡皮布上剥离下来完成正常交接，以致纸张不断被撕破剥皮。当我采取添加油墨去黏剂和减小印刷压力的措施后，就使油墨对纸张的剥离张力大为减轻，纸张不会因严重变形而产生套印不准，也不再粘在橡皮布上剥皮，生产就能够正常进行。

4.7.3 油墨色彩的呈色效应案例

四色银行存折印刷，其封面主色调是分别由 100% 的中黄和品红叠印而成。当客户上机签样时，认为叠印出的红色有些偏暗，比起金红色鲜艳纯洁的效果差远了，不同意印刷。面对这种情况，我非常为难，心想：假如重制版，时间上来不及，且又增加成本，只能在油墨叠色上面多动脑筋。于是，我根据油墨色彩的变化规律，决定把四色油墨中惯用的中黄改为淡黄，把品红改为大红。当第一张样品生产出来后，我们发现存折的封面主色调已完全达到了金红色的效果，色彩非常鲜艳，至于对其他次要图案的色彩变化，影响甚微。当客户再次查看后，不禁连声称赞。这样的创新举措方便快捷，且不需要增加任何成本，真可谓一举两得。

案例分析

不可否认，在常用的三原色油墨中，往往由于成本、价格等因素，色相上会有一定的偏差，如中黄偏红，品红偏黄，天蓝又偏红，其叠印出的色彩无论是红色或绿色，色彩饱和度较低，灰度较大，不完全纯洁、鲜艳。这时，我们就要对产品进行针对性分析，抓住最主要的色调，选择最佳的油墨，印出最好的效果。

后来，我根据此次成功的尝试，又分别采用淡黄和孔蓝墨叠加，印出比较纯洁的绿色，使客户非常满意。

这种革新有时还能纠正制版上的一些色偏，取得意想不到的结果。

4.7.4 由油墨引起的“鬼影”案例

有一次，我们机台承印一本幼儿图书封面，该产品的叼口是一些小树，拖梢是个大苹果。印刷过程中发现拖梢的苹果图案中竟有叼口小树叶的轨影，也有人称为“鬼影”。起初认为肯定是青色组的墨路有问题。就先把该色组的水、墨胶辊的压力重新按标准调整，结果“鬼影”依旧不变。于是又把后一个黄色组也重新调整，结果还是不行。经过冷静思考，我猜想是油墨引起的，立即在黄墨中加入 3% 的去黏剂，再开机印刷，结果“鬼影”立马就消失了。

案例分析

我们知道，产生“鬼影”的原因主要由产品设计不当、墨路传递不良引起的。在该案例中，并不存在这样的问题。从机器的印刷色序来讲，黄墨透明度高，黏性最小，放在最后一个色组印刷是正确的。而且我们使用的是高档的环保型油墨，一直是打开盖子就直接使用，从不需要添加任何辅助剂。那此次为何产生“鬼影”呢?

原来，由于该产品四色印版的图文面积相差较大，青墨耗用量小，胶辊上的油墨很少得到补充，且不断地被润湿液侵蚀和乳化，油墨黏度大大降低；而黄墨耗用量很大，不断得到新墨补充，其油墨黏度并没有变化。当机器合压时，黄墨在印刷压力的作用下，会把橡皮布上残留的青墨拔起部分，形成轻微的逆套印，再通过黄色组靠版墨辊的转移，使印品拖梢中的苹果出现了小树叶的鬼影子。也就是说，青、黄两种油墨的黏度没有拉开一定的差距，比较接近，才导致了“鬼影”的产生，当我在黄墨中加入去黏剂后，黄墨的黏度下降了许多后，“鬼影”就自然消除。

4.7.5 油墨包在胶辊上传递不良，印品墨层浅淡案例

根据多年的经验，我们知道，造成印品墨色浅淡的常见原因主要有：

① 供墨量偏小，供应不足；

② 油墨乳化，形成水包油状态，以至于印迹变浅；

③ 胶辊压力不平，或橡胶辊表面晶化，油墨无法正常传递；

④ 印版图文部分亲墨性能差，或印版图文部分在印刷过程中因磨损而产生花版，使印品墨色浅淡；

⑤ 橡皮布堆纸粉、老化等，导致传墨不良。

对于上述一般问题，我们都有办法快速解决。但也有些特殊情况，需要仔细分析、耐心

检查。前不久，曾经有一台四色机的机长，在印刷某书刊产品时，发现印品的墨色很淡，即使采取减少供水量、加大供墨量等常见措施，也无济于事。当机长向我反映后，立即前来现场检查分析情况，发现胶辊上油墨确实很多，只要稍微点动机器，就听到油墨在胶辊上分离时“嗞嗞”作响，表明油墨很黏，于是又用手轻轻触摸胶辊表面，似乎有些烫手，热气熏人。至此，我的心里已明白了其中的大半原因。

案例分析

原来，这个问题并非油墨乳化所致，而是由于生产车间的温度较高，加之机速太快，机器自身温度上升较快，在这样的高温环境下，油墨中的有机溶剂加快挥发，使油墨在胶辊上变得又干又稠，流动性变差。同时，干稠的油墨又会不断增大胶辊间的摩擦力，促进胶辊的温度进一步上升。试问：这样的油墨怎么能正常传递？怎么能适合高速印刷呢？

对此，要对症下药，采取以下一些综合措施：

① 对胶辊上的油墨进行清洗，顺便把温度逐渐降下来；

② 控制机器的速度，防止机器自身的温度太高；

③ 适当降低酒精润湿液的设定温度，以迅速从印版滚筒表面吸收热量，从而降低机器的温度；

④ 在油墨中加入一定的 6 号调墨油，增加油墨的流动性，抑制油墨在胶辊上的过快干燥；

⑤ 正确调整水墨辊间的压力，防止压力过大使胶辊摩擦升温太高等。

通过以上措施的逐一落实，终于把胶辊的温度有效地降下来，使其源源不断地向印版提供充足的油墨，使印品的色彩重新变得鲜艳、饱满。

以上五个实例，只不过是我感受比较深的几个典型例子。其实，要真正用好油墨，不仅需要学习有关油墨的理论知识，更需要丰富的实践经验去亲身体会。油墨在印刷的过程中，经过墨辊的传递、润湿液的乳化以及在印刷压力的作用下经过橡皮布转移到纸张上，其中发生的变化因素非常多，都会影响油墨的使用效果。比如，胶辊的质量问题引起油墨传递不良；水包油型的乳化危害；印刷压力的大小对油墨转移的影响；纸张的品质对油墨色彩效果的影响等。

因此，我们在操作中一定要把理论和实践有机结合，灵活运用。但是，很多操作者往往疏于学习，以至于因一些细小的操作错误而引发一连串的印刷故障经常发生在我们的身边，这些细节主要表现在以下一些方面。

① 冬春季节存放油墨的地方，其温度要保持 20℃左右为宜。不然，油墨黏度会由于温度的变化而相差很大，冬季的油墨一般无法直接使用。

② 往墨斗里加新墨时，要与墨斗中的陈墨来回多搅拌几下，因为墨斗中的陈墨已经经过墨斗辊的不断挤压，其流动的性能已经很好，下墨时比较顺畅，油墨传递也比较均匀，而新加入的油墨由于流动性不是很好，会影响油墨原有的下墨量，会引起产品色彩的明显变化。

③ 墨斗里的油墨由于受空气的氧化作用而容易结皮，要常翻动，防止产品上出现不该有的墨皮、墨渣。

④ 调配专色墨要选取与原样最接近的油墨来调，尽量减少油墨的种数，否则会增加油墨的灰度，降低油墨的亮度和色彩的鲜艳程度。

⑤ 油墨在传递过程中其性能不是固定的，而是随温湿度、水墨平衡状况的变化而变化

的。当油墨过分乳化时，油墨黏性就大幅下降，从而导致后面几个色组产生油墨混色、叠印率下降、印迹不干等故障。如果是为了追原稿色彩，被迫加大墨量，那就要注意把握好水墨平衡，力求印品色彩的稳定。

⑥ 油墨辅助剂的添加要心中有数，严格控制。调墨油，去黏剂等的添加要有针对性，且不宜超过 5%，否则会引起油腻、脏版、色彩饱和度下降、印迹无光泽、墨层干燥慢等弊端。

⑦ 油墨的干燥是和润湿液的 pH 值、印刷压力、纸张性质、环境温湿度关系很大，还和油墨的乳化程度、墨层的厚度以及油墨自身的品质、干燥的方式等紧密相关。当出现油墨干燥太慢的情况时，必须全面分析各种因素，有针对性地采取措施，保证油墨的干燥速度，千万别简单地加大喷粉量，那样会对产品质量造成更多的麻烦。

⑧ 水墨平衡的控制是一个动态的过程，要勤加观察。操作者要根据印品反映的信息对水、墨量进行灵活调整。

需要重点强调的是，我们在正确调节水墨的时候，必须注意机器的工作状态、水墨辊的质量和调节、纸张的印刷适性、印刷压力的大小、环境温湿度的变化等，这些都对水墨之间的平衡及印刷质量的提高有着十分重要的作用。只有全面了解掌握各方面的关系以及各自对水墨平衡产生的影响，才能更准确地把握好对油墨的灵活使用，提高印品质量。

4.8 一次印金工艺的巧妙改进

众所周知，金、银墨同普通油墨相比，具有质量重、颗粒粗、黏连性差和转移率低等特点，印刷适性不好，易发生各种故障，如果操作者没有丰富的经验，是无法印好金、银墨产品的。

案例

案例介绍

记得 2007 年 10 月，我们机台承印江苏美术出版社的一本《高云》画册。该画册共有 10 贴，用纸为 128g/m^2 亚粉纸，每幅图画的四周都有大面积的金墨实地边框衬托，且在金墨实地上还要叠印许多黑字。该产品正反共十色，四色机印刷时，需四次才能完成。经初步分析，只能先印金，然后再印 K、M、C、Y 四色。当我们印好一面金，准备再打反印刷时，出现了四个问题：

① 金墨版面较大，墨层印不厚实；

② 当打反印刷时，正面的金墨层表面特别容易擦伤、掉金粉，即使我们小心翼翼地勉强把产品印下来，转入下道折页、装订等工序时，由于其他机器的各种转动摩擦也会擦掉金粉，使画面脏污不堪；

③ 画册图案四周衬有金边框，由于金墨光泽太亮，视觉效果太抢眼，从而影响该画册中每幅图画的主体色彩效果；

④ 由于金墨的附着力差，后叠印上去的黑字肯定发虚，不实在。

当时要克服这四大难题，特别是金墨掉粉问题真的是没办法，只好停机不印。为此，我们向客户建议重新设计制版，但客户表示时间紧急不可能再改，必须照此印刷。面对这种情况，究竟怎么办?

案例分析

在该案例中，最关键的问题是金墨掉粉和擦脏。按照以往的一贯做法，可以在金墨表面再加印一层亮光油，可以保护金墨层的表面，使其不掉粉、不擦伤。但这样做了以后，又会使金墨的光泽更鲜亮，和画册中反映的国画色调极不和谐，客户也坚决不能同意。

处理办法

经过一阵苦思冥想，我想到：既然覆膜有亮膜、亚膜之分，那上光油也肯定有亮光油、亚光油之分。于是，我赶紧上网搜索，发现杭州油墨厂生产的消光油可以使用。待买到消光油后，我们采用两块金版，前一色组印金墨，后一色组印消光油，印出来的金墨实地确实暗淡了不少，有一种磨砂的美感，既平服，又细腻。

由于在印金的同时，加印了一层消光油，可以保护印品金墨表层不掉金粉，防止擦伤；可以遮掩金墨的亮光，更好地表现画册主体图案的美感效果；可以使第二次叠印的黑字，显得比较结实和清晰。

当然，这样做会带来印迹不易干燥的问题。对此，必须在印完一面后，待几天再打反印刷另一面，同时要注意把喷粉量适当地加大。就这样，我们小心翼翼地完成了这本画册的印刷任务。

后来，这本书经过折页、胶订等工序，也没有在金墨表面留下明显的擦伤，整个生产过程都非常顺利。当我们最终把产品交给客户时，客户十分感动，连连称好。

这是一次比较成功的尝试和创新，有效地解决了金墨印刷中的几大难题。后来，凡是遇到金、银墨，我们都根据产品的特点和客户的要求，选择性地在其表面加印一层亮光油或消光油，使金银墨的光泽或亮或暗，进一步提高产品的质量和档次。

此外，如果遇到大面积的实地专色产品，也可以采用这样的工艺，对油墨层进行有效的保护，同样会收到十分理想的效果。

4.9 透明胶带的妙用

一卷不起眼的透明胶带实在是很普通不过的东西，用来包装非常方便，殊不知它在印刷上还有一些特殊功能。它可以迅速解决我们印刷生产中的一些难题，使我们的工作效率大幅提高，使我们的企业更好地降本增效。

在工作中，它成了我的宝贝，如图 4–4 所示。我主要用它来解决下面三方面的问题。

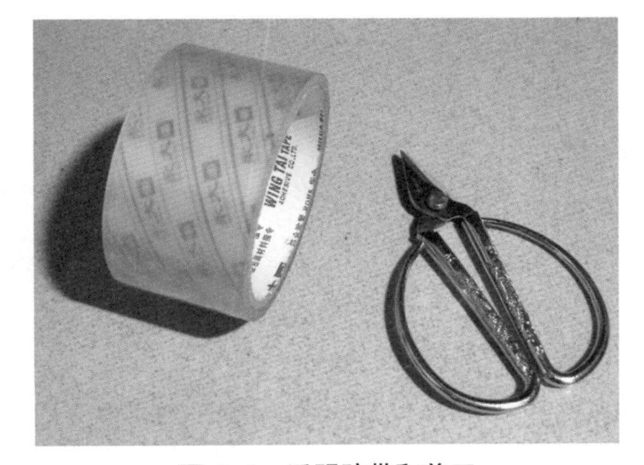

图 4–4 透明胶带和剪刀

4.9.1 修补橡皮布轧痕

关于橡皮布轧痕的修复，我早在 2003 年的《印刷技术》杂志上就介绍过，我经常采用橡皮布还原剂和双面胶带纸粘贴这两种方法。这样不仅花钱少，而且见效快。但这两种方法也有诸多缺陷。比如经橡皮布还原剂擦洗过后，印刷了几千张，轧痕处的橡胶层又会凹陷下去，可能要反复多次；若用双面胶带纸粘贴，我感觉厚度稍大点（最少有十丝），印出来的平网部分一般不太平服，总有些修补过的痕迹，且操作上也有点麻烦。上述两种方法都会不同程度地影响产品质量。后来，我终于想到了用透明胶带代替它们的好办法。实践中，同样是先把被轧伤的橡皮布拆下来，在其反面画上记号，然后用剪刀剪一小块比轧痕略大点的透明胶带直接粘贴在记号处。由于透明胶带很薄，厚度大约只有四丝，如一层不够时可再加贴一层或两层，但要依次剪小点，使其边缘不要留有硬口，然后装好橡皮布即可。采用这种方法的好处是透明胶带的大小、形状随轧痕而定，一剪一贴就成功。使用此法数年来，屡试不爽，节约了若干橡皮布。

4.9.2 粘贴印版拖梢裂口

在手工装版的机器中，由于紧版螺丝可能未拉紧，以至于机器印刷几千或几万张后，印版的拖梢会出现裂口，并逐渐增大，直至迫使操作者换版，造成一定的浪费。针对这种情况，我一般不直接换版，而是先把印版拖梢裂口处的油墨、水迹擦干净，然后用宽透明胶带直接把印版裂口连同装版的版夹一起粘贴牢固。这样仍可以继续印刷，丝毫不影响产品质量。当然，这种方法对印版刚裂开时及时采用最好，如果裂口太长，是不能完全依赖透明胶带来贴附的，实在拖延不了，还是要换版。此法对于短版活效果最明显，可以应急处理一下，不用中途停机换版，就能按时完成印刷。

4.9.3 解决拉规对图文部分的擦伤

我们知道，拉规对纸张进行定位时，纸张是被拉规球压在拉规条上拉动的。由于拉规压簧力的作用和拉规条表面具有粗糙的线槽，动作的瞬间会在纸张的背面留下一道浅浅的擦痕。这对白纸来说并无影响，但对已印完一面待打反的印品来说，如印品图文刚好就在拉规球位置的下面，肯定会被擦伤，使产品的质量受到影响。特别是有的高档画册、样本、封面的正反面都是大版面图文，一旦有了擦痕，就可能使产品报废。为此，我尝试用一小块透明胶带贴在拉规条上，以减少槽形拉规条对印品图文的摩擦，从而消除擦痕。结果确实如我所想，印出来的图文没有一点点擦伤。就这样，看似很复杂的问题得到了轻松的解决。

在实践中，诸如此类的小窍门一定很多。主要是平时要留心观察，多动脑筋，就能找到各种各样的好办法，让复杂的难题变得简单，让繁重的工作变得轻松。

4.10 隔色彩虹印刷技术的应用

隔色彩虹印刷，就是指图案的主色调或背景由不同的颜色组成，呈连续性逐渐过渡，就像雨后彩虹的颜色，过渡得非常自然，看不出明显的界限。隔色彩虹印刷多采用凸版印刷机印刷。它是根据产品的特点和要求，在墨斗里放置几个三角形隔板，分别放入不同色相的油墨，在串墨辊的串动下，使相邻部分的油墨混合后，再传给印版，再转印到产品上去。正因为隔色彩虹印刷技术的效果比较美观、自然，在金融、税务等产品上都得到了很好的应用，同时还可以起到一定的防伪作用。

但是，由于该技术多采用凸版印刷机印刷，其印刷幅面小、速度慢，根本不适合大批量、多色序的产品。对此，我们能不能采用海德堡多色胶印机印刷，以大幅度提高生产效率呢？抱着这样的想法，我们进行了一次非常有益的尝试，并取得了成功。

案例

案例介绍

2009 年 9 月初，我们欣喜地接到了一大批银行存单的生产任务。该产品底纹颜色均涉及特殊的墨斗“隔色彩虹”印刷工艺，如果我们仍旧采用传统的凸版印刷机印刷，根本就不能按时交货。面对这种幸福的烦恼，大家也积极想方设法，试图通过制版分色加网技术来解决，但网点呈色的打样效果实在不太理想。无奈，只有在海德堡四色胶印机上采用墨斗“隔色彩虹”印刷工艺，才能一举解决该产品的质量和交货期限问题。至于能否实现，还确实是个未知数？

起初，我颇有自信地认为这在技术方面应该没有多大的障碍。首先，我们把该机器的墨斗用三角板分隔成几段，直接添加两种油墨；然后，我们再适当调节机器串墨辊的串动量，使墨辊上同时存在的两色油墨不完全混色，达到彩虹光晕般的效果。

抱着这样的思路，我们都信心满满地开始了具体操作。可万万没想到，在现实中却遇到了三大困难：

① 隔油墨用的三角隔板无法在墨斗里稳定下来；

② 三角板间隔的墨区宽度与产品要求的位置不一定完全吻合；

③ 更要命的是机器串墨辊的串动量竟根本不能调节，是一个固定装置，其与操作说明书介绍的完全不相符。

其实，前面的两个问题倒不可怕，只要在三角板的上方加上一个压杆即可，如图 4–5 所示。

图 4–5　墨斗三角板上加压杆图

最关键的问题是要能够自由调节串墨辊的串动量，使两种墨色自然过渡，真正体现出“彩虹”的效果，否则将前功尽弃。

处理方法

面对串动量无法调节的难题，我们决定拆开机组护罩查个究竟。在机修人员的积极配合下，很快将机器的串墨机构拆卸了下来，发现由串墨控制杆连接的中心轴套是个固定的偏心块，串墨的行程不能调节。经大家认真研究，决定在偏心块上直接开一个槽，使轴杆能上下移动，从而改变控制串墨拉杆运动的轴心位置，使操作者能够随心所欲地改变串墨辊的串动量。

大家说干就干，我们只用了一个多小时就把零件做好，重新安装完毕。经过一系列的紧张调试工作，终于可以自由调节串墨辊的串动量，把串动范围设定在 0～35mm 之间。

经过三番五次的调试，我们最终确定串墨辊的串动量应在1.2cm，“彩虹”的效果最佳。后来，我们又进一步制定完善了具体的操作规程，在两位机长和若干操作人员的精心努力下，终于使银行存单的产品质量有了进一步的提高。

“隔色彩虹”印刷工艺在海德堡四色胶印机上的成功运用，让我们又一次尝到了技术创新的甜头。它不仅有力地支持了经营部门的市场开拓，提高了产品质量，更有效地提高了劳动生产效率和企业的经济效益。

4.11 覆膜起泡的原因

覆膜是将塑料薄膜涂上黏合剂，与纸质印刷品经加热、加压后黏合在一起，形成纸塑合一产品的加工技术。通过覆膜，可以有效地增加印刷品的牢固程度，使其耐磨、耐折、耐拉、防潮，使其表面更加平滑、光亮、鲜艳。正因为覆膜有这么多优点，许多彩盒、手提袋、图书封面等产品在完成印刷后，都要进行覆膜处理。

关于覆膜产品的质量控制，除了其自身的操作因素外，还要受到我们印刷工序的影响。现以覆膜起泡的典型案例，来简要说明我们在印刷中应注意的问题。

案例

案例介绍

大约在10年前，负责覆膜的加工厂总是向我们的领导反映，说我们印刷的产品的喷粉太大，覆膜有气泡现象，无法解决，而其他印刷厂的产品就没有这种现象。面对别人提出的意见，我们非常重视，在印刷过程中，总是十分严格地控制喷粉的用量，直到印品有一些轻微的背部粘脏为止。可奇怪的是：尽管我们已经采取了一些措施，但产品覆膜后的气泡现象也只是略有好转，并没有得到根本性的解决。

案例分析

我们知道，在目前国内的印刷设备中，大部分都是采用单独的喷粉装置，或者采用红外烘干和喷粉装置相结合的方式，目的是为了把堆在一起的上下印品之间隔开，防止印品的背面蹭脏。

在日常生产中，当我们操作者遇到纸张光滑、墨层厚、暗调面积大的时候，总是怕产品的背面蹭脏而报废，被扣罚工资和奖金。正是抱着这样的想法，操作者就习惯性地把粉量放得大一些，使产品表面有较多的喷粉，似乎这样做才会放心。殊不知喷粉一旦过大，会产生各种各样的危害，主要表现如下。

① 产品在正反印刷时，由于正面粉量过大，会直接影响印反面时的当班产量，严重时每印几百张就需要清洗一次橡皮布。产品还会因此出现墨色不稳定等故障，既影响质量又影响产量。

② 喷粉过大时，会影响产品的光泽度。当印刷一些高档产品时，操作者总是希望墨色饱和度高，色泽鲜艳又光亮，这样就会为了防止蹭脏而加大粉量。喷粉在尚未干燥的墨层上被油墨有所吸收，会使油墨的表面层形成一层粉雾，产品的光泽度因此而降低。

③ 粉量过大，会加重机器设备的磨损。生产中在向产品施加喷粉的同时，有相当一部分的喷粉会飞向机器的收纸链条、叼纸牙和滚筒等处。即使我们每周都认真保养，但也未必能清理完所有的粉尘，久而久之必然加大机器的磨损。

④ 粉量过大，对操作者身体健康也会有一定影响。虽然喷粉的说明书上都表明该产品对人体无伤害。但是操作者天天处于在细微粉尘飞扬的车间里，肯定对人体的健康有一定影响。

⑤ 如果粉量过大，对后道工序加工会有相当大的影响，如上光、烫印、覆膜等。

在本案例中，由于我们使用的喷粉量已经大幅减小，为什么还会影响覆膜的质量呢？带着这个问题，大家反复地观察和思考。后来，我对喷粉的质量产生了一定的怀疑，就抓起一把喷粉放在手里慢慢捻动，心里感觉该喷粉的颗粒太粗，如同粗砂一般，基本断定其原料也许是矿物质类的喷粉。由于该喷粉是从外国进口的，包装袋上写的全是英文，不能完全看懂其标注的使用说明。于是，又找来其他印刷厂家的不同品牌的喷粉，用手仔细触摸、捻动，通过自己的手感比较，我已初步觉得造成覆膜起泡的原因很可能就出在喷粉上。

处理办法

正是基于以上分析，我向公司有关部门提出建议，将此劣质喷粉淘汰，重新更换了一家知名度较高的喷粉。经过使用，发觉印品的表面不再那么粗糙，各个下道工序的操作人员都反映情况良好，特别是覆膜的产品质量有了明显的改善。

其实，防止产品的背面蹭脏，我们不能仅仅依赖于喷粉，要尽量从原材料采购、生产工艺的控制方面入手，尽可能少用或不用喷粉，达到控制产品背面蹭脏的目的。在我看来，主要有以下几点。

① 在组织生产之前，要根据产品的特点选择容易干燥的纸张。偏酸性的纸张、少量艺术类的纸张会延缓油墨的干燥时间，要慎重选用。

② 严格控制油墨的密度值。根据国家平版印刷的质量标准，各色油墨的密度值一般为：黄是1.05、红是1.35、蓝是1.45、黑是1.70。我们在生产中能保持这个数据进行印刷，正常情况下是可以不用或少用喷粉的。我们不要片面地追求印品的饱满、鲜艳去人为加大墨量，加大喷粉量。例如，原稿上并没有那么厚实的墨层，我们在打样或签样时为了达到用户的满意，拼命地增加墨量。这样就会造成网点严重扩大，暗调的墨层厚度过大，超出纸张所承受的范围，迫使操作人员加大粉量。这是一种不顾实际、自讨苦吃的行为，应力求避免。

③ 为什么到目前为止，胶印机即使配备了红外烘干系统，还需要使用喷粉？原因在于有很多产品的暗调面积大、墨层厚，难以瞬间干燥。遇到这类原稿，在尽量不失原稿暗调重要性的前提下，我们应利用制版手段，采取底色去除工艺使暗调的墨层减薄。因为，根据色料减色法原理，将黄、品红、青三种彩色油墨重叠印刷时，应该得到黑灰色，如果把这部分的重叠区域油墨直接用廉价的黑墨代替，就可以节省高价的彩色油墨用量，降低暗调区域的墨层总厚度，可以改善油墨印刷适性、提高产品质量、降低生产成本、不用或少用喷粉，控制产品背面蹭脏。

④ 正确掌握水墨平衡，防止油墨乳化，否则会严重影响产品的干燥时间，被迫加大喷粉量。当油墨中含有一定量的酸性水溶液，会延长印迹表面氧化结膜的时间，导致干燥缓慢，容易引起背面蹭脏。控制油墨乳化的核心就是水和载墨量。在达到一定的密度值时应当使用最少的墨量和最少的水量，这是控制油墨严重乳化的最好方法。

⑤ 掌握正确的印刷压力。如果印刷压力过轻，就会使油墨不能正常转移。即使勉强转移到纸上的油墨也不可能与纸张很好地结合和渗透，只能浮在纸的表面上，不牢固，很容易造成印品背面蹭脏。因此，只要把网点扩大值控制在正常范围内，就应适当加大印刷压力。

⑥ 不要在油墨中加入过多的调墨油、去黏剂。这类助剂在改善油墨印刷适性的同时，也会阻碍油墨的氧化结膜，延缓干燥时间，从而迫使操作者加大喷粉量。

综上所述，我们必须从接到原稿开始时，就进行认真的工艺研究，制订有效的工艺施工方案，在制版时通过底色去除工艺制出适合印刷的原版和标准的样张。在印刷过程中严格按照数据化操作，控制好油墨的密度值、印刷压力和水墨平衡，保持一定的印刷速度，灵活调节红外烘干系统和收纸吹风系统，减少半成品堆放的高度，就可以少用喷粉或不用喷粉来控制背面蹭脏，千万不能仅仅依靠加大喷粉来解决印品蹭脏。否则，许多产品的烫印、覆膜等工序就无法进行。

4.12 印品网点不平服

案例

案例介绍

十多年前，我们承印一书刊封面，纸张采用 128g/m^2 铜版纸。由于该书是参加评比的重点书，批量大、要求高，公司各级领导都十分重视产品质量，要求保证创优。因此，大家在工作中都格外认真对待。开印前，我们用单面印过的铜版纸校准印版和墨色，当一切准备就绪后，就开始正式生产。刚印了几十张，就突然发现印品有许多花斑现象，网点不够平服，如果和之前的校版纸的印刷效果比较起来，显得十分难看。由于有明显的事实证明，我就一口断定是该批纸张的质量不行，要求更换。由于换纸会造成许多损失，公司领导只好同意降低质量标准，要求立即印刷。在获得领导的尚方宝剑后，我们就不管三七二十一，大胆地生产起来。但令人想不到的是，当机器高速印刷了 300 张后，印品的花斑现象越来越少，网点越来越平服，最后竟不治而愈。

案例分析

眼前的事实证明，我们当初的判断不对，纸张质量没有问题，那印品的网点为什么会由不平到逐渐平服呢？我思来想去，终于找到了答案。

根据经验，造成印品网点不平服的原因主要有：

① 印刷压力不足，网点空虚；

② 橡皮布性能差，或橡皮布表面堆积纸粉，造成油墨传递不良；

③ 纸张表面粗糙，涂布不均匀，抗水性能差，油墨吸收性不一致；

④ 油墨颗粒粗，不均匀；

⑤ 水墨不平衡，油墨严重乳化，油墨颜料和连接料相互间脱离；

⑥ 供墨量过多，造成网点扩大，产生斑纹。

在该案例中，造成网点花斑的原因有两个：一是纸张质量确实有些问题，其表面涂布不均匀，抗水性能略差；二是在起印阶段，水墨辊刚刚靠版时，水量和墨量都很大，处于不平衡状态，造成网点不规则扩大。两个原因结合在一起，产生叠加效应，以致形成花斑故障。

当我们得到领导许可，大胆提高机速印刷时，连续供应的水、墨量有所下降，并逐渐达到平衡，网点扩大率减小，使印品花斑的现象自然得到了有效控制。

由此看来，当我们遇到问题时，不能妄下结论，要冷静思考，反复推敲，待通过事实验证后，再行采取措施。否则，就会导致各种不良后果。

4.13 油槽里升腾的烟雾

案例

案例介绍

最近，某海德堡四色机在正常运转时，机器驱动侧的油槽里突然冒出了一阵阵烟雾，犹如渔夫打开了装有魔鬼的瓶盖。该机器的操作人员急忙停机检查，发现烟雾已弥漫于整个油槽，一时也分不清烟雾是从哪里产生的。起初大家认为是机器连续运转时间较长，车间温度较高，使润滑油雾化的原因。但经机修人员的仔细检查，发现油泵供油不足，不能形成充足的雨淋，以满足齿轮润滑的需要。当齿轮得不到充足的润滑时，就会摩擦发热，机件表面温度不断上升，直至使润滑油雾化，产生大量的青烟。因此，油泵供油不足的问题才是本案例的关键。

案例分析

在分析本案例前，大家也许会问：进口机器的润滑系统不是都装有油量压力检测开关吗？当油泵供油不足时，机器肯定会自动报警，不可能因为润滑不良，使机器损坏。的确，润滑报警系统非常有用，但不巧的是，该机器的机长请假，临时由副手代替，他在听到机器报警声后，误以为是收纸链条的自动润滑系统报警，就对链条采取人工加油的方式，然后就全然不顾喇叭的报警，继续开机生产，直到油槽里冒出大量烟雾后，才停机检查。试想如果此时没有发现油烟，再继续强行开机印刷的话，势必会酿成重大的设备事故。

其实，要解决油泵供油不足的问题一般都很简单，只要确定油泵本身没问题后，坚持对油泵的进口和出口处的两个过滤器进行定期清洁保养即可，如图 4-6、图 4-7 所示。

图 4-6 油泵通过喇叭口吸油

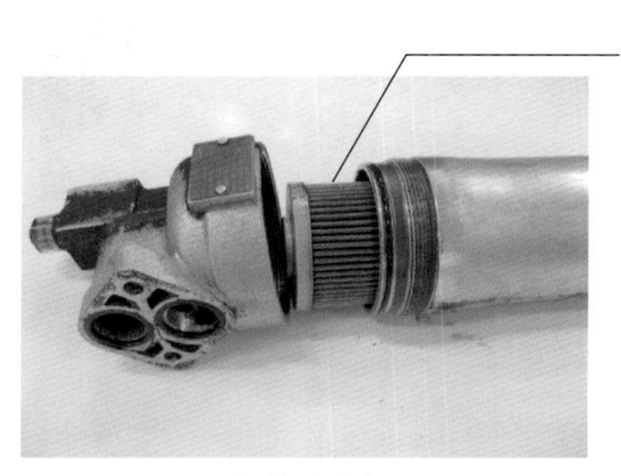

图 4-7 通过超精细过滤器向机器供油

处理办法

通过以上的全面分析，我们就立即动手，拆开油泵的护罩，取出进油的喇叭口一看，发现过滤网的确很脏，已被各种杂质基本堵死，使油泵根本吸不到足够的油，难怪油泵无法出油呢？于是，我们立即更换过滤网，并把上方的一只超精细过滤器也一起更换掉。待重新安装后进行试验，发现油泵的出油量仍然偏小，达不到机器油量开关的设计值，机器运转后依然继续报警。

没想到问题还比较复杂，我们再次陷入了沉思。好在机修工段的师傅们都是行家里手，立即判断油泵也出了问题。因为该油泵是齿轮型结构，是用两个齿轮互啮转动来工作。齿轮油泵在泵体中装有一对回转齿轮，一个主动，一个被动，依靠两齿轮的相互啮合，把泵内的整个工作腔分两个独立的部分。一为吸入腔，一为排出腔，工作时就可以把油一边吸入，一边排出，连续不断地向机器供油。

在本案中，当进油喇叭口的过滤网堵塞后，齿轮泵就难以吸进充足的油，齿轮之间有时便处于空转状态，温度急剧上升，加速齿轮间的磨损，空隙越来越大，才引起出油量不足的问题。

为此，我们立即购买了一台国产齿轮油泵进行了更换，问题才得以彻底解决。

4.14 纸张拖梢的破口

案例

案例介绍

有一次，我们承接了一批小全张的样本，全部采用 80g/m^2 的胶版纸，由一号海德堡四色机台印刷。在印刷过程中，大家发现产品的左侧拖梢有严重的破口，就像被什么硬物刮破，但又没有刮痕，如图 4–8 所示。

图 4–8 纸张拖梢破损

案例分析

针对这种情况，大家先从飞达头、输纸板、拉规、叼纸牙、续纸滚筒、吸气减速轮等部位进行了仔细分析和全面检查，基本没有发现明显异常，经开机试验，问题依旧。于是大家再次进行分析，又对机肚里面进行了检查，当清除了许多废纸后，再次开机印刷，还是解决不了问题。就这样忙了半天，大家难免有点泄气，要求把产品调往其他机台印刷。

我思考了很久，决定从机器的气路入手，依次检查各个色组的吹风，同时再把风量大幅减小，但还是没有效果。

问题究竟出在哪里？我打着手电筒，沿着走纸的线路不断向后寻找。当掀起第四组和收纸链条之间的护罩时，发现近 2 米长的不锈钢导纸板上粘满了粉尘，却唯独有几处略显得干净，为什么？我立即锁定机器保险，弓身钻下去，并叫机长打开收纸气泵。当我用手触摸不锈钢板上的各个导气孔时，心中的谜团顿时解开，如图 4–9 所示。

图 4–9　收纸部位的导纸板

我们知道，根据海德堡印刷机的文图利空气导纸系统设计原理：当收纸链条叼牙叼着纸张经过时，通过导气孔吹出的负压空气，将纸张拉向弧形导纸板，但又不接触到导纸板，纸张只能在气垫层的保护下，稳定地向前传递。

但在本案例中，该导纸板上的导气孔大都已被粉尘和润滑油形成的油泥堵死，只有最边上前后两个导气孔没有堵死，所有的吹风就全部从这里吹出去，形成的空气负压肯定非常大，完全可以把纸张吹破。

找到原因后，大家立即拿来钢针，将各个导气孔逐一进行疏通，终于彻底排除了纸张拖梢破口的故障。

由此看来，空气导纸系统也要列入今后的清洁保养计划中，每年搞一次即可。

4.15　气泵故障

4.15.1　飞达输纸歪斜

前不久，有一台四色机的飞达在输纸过程中很不稳定，纸张经常有歪斜现象，且纸张越厚越严重。后来，即使印 157g/m^2 的纸张也不能正常工作。根据这种情况，机台人员初步断定是分纸吸嘴的吸力不够造成的，就先把气泵的过滤器认真清洁一遍。但清洁完毕后，故障并没有一丝好转。后来，我分析了一下，再次把气泵拉出来，对气泵进行仔细的清洁检查，发现有两个问题，如图 4–10 所示。

图 4–10　气泵

① 位于该气泵中间的 16 个进气孔基本被堵死；

② 气泵过滤器处的橡胶密封圈没有垫平。

于是，我找来细铁棒，疏通进气孔，垫平密封圈，重新开机印刷，发现气泵的吹、吸风量都大幅提高，飞达输纸立即恢复正常。

4.15.2 喷粉装置不出粉

有一次，某机台操作人员在印刷某产品封面时，发现产品上的油墨有粘脏现象，就把喷粉逐渐加大，但仍然没有效果。于是，我们就检查喷粉装置是不是有问题？结果表明喷粉装置工作正常，但喷出的粉撒在外围，几乎没有完全进入管道。很显然，给喷粉供气的气泵似乎出了问题。当我们拆开护罩，检查气泵时，发现气泵弯头处的气管已呈扁平状，如图 4-11 所示。

图 4-11 喷粉处的气泵

原来，这种气管不耐高温，时间长了，气管就软化变扁，堵住了气泵的吹风，喷粉当然就无法喷出。查明原因后，我们重新换了一根耐高温的气管，并在弯头处插进一根弹簧，以确保此类故障不再发生。

4.15.3 气泵电机不工作

某机台气泵的石墨叶片磨损，气量严重不足，机台人员就拔掉电机插头（图 4-12）和气管，送机修车间修理。待气泵修好后，就再次接好电机插头和气管，却发现气泵依旧一动不动。于是就再次请来机修工，认为气泵的维修没有问题，是电气方面有问题。对此，大家

插头正反面的插孔不同

接线柱被撞弯

图 4-12 气泵电动机的插头

有些想不通：我们谁也没有动电路，怎么会有电气问题？后来，经过电工的反复测量检查，发现电机插口里面的一根接线柱被撞，直到更换后才恢复正常。

原来，气泵修好后，机台人员没有先分辨插头的正反面，就往插口上使劲插，把本来好好的接线柱撞弯，以至于多浪费了好几个小时。希望大家要引以为戒。

4.15.4 气泵管不耐压怎么办

气泵管子用久了，就会老化、破裂，都要经常予以更换。但由于气泵管子的工作环境太差，既要耐压，又要耐高温，还要耐油污，这就对气管的质量提出了很高的要求。根据我们多年使用的情况看，进口的气管质量确实好，但进口的气管其价格也非常惊人，多达200～700元/米，每台机器每年仅此就要耗费好几千元。为了尽量节约费用，我们就尽可能采用国产的气管来代替，其价格只有进口的三分之一到四分之一。但有的国产气管耐压性能太差，或者是采购人员买错了型号，刚换上去一会儿，管子就炸裂开来，严重影响生产。由于此时再联系购买已来不及，必须立即修复。怎么办？

我思来想去，决定在气管的外层紧紧缠绕上一道道塑料绳子，以使得气管在受压后不再炸裂，增加其耐压性能。经过实践，发现这一招还真管用，至今已使用了一年有余，依然完好如初。后来，我凡是遇到这种情况，也都采用此法。这不仅节省了时间，也节约了维修费用，确是一举两得的好办法，请大家不妨一试。

后记

如何当好胶印机机长

通过前面四个章节的学习和研究，有可能使大家对多色胶印机的规范化操作、保养和故障的分析与排除等方面有所帮助，使大家的技术水平有所提高。但是，有水平的机长还不一定就是一名好机长。笔者做过 15 年的胶印机机长，我还想就“如何当好胶印机机长”这个话题谈谈自己的看法。

一、机长的组织才能与修养

目前的印刷厂，一般一台胶印机都是两三个人操作，对于高速多色单张纸胶印机或卷筒纸胶印机，大多由 3 ~ 5 人操作，所以说，胶印机的印刷过程是集体作业的过程。在这个小集体中，领头人就是该胶印机的机长。机长的位置是相当重要的，不仅关系到产品质量与产量，而且直接涉及机器所有操作人员的经济效益。我认为一名好的机长首先应该是优秀的组织者，对本机操作人员的技术状况了如指掌，能合理地分配工作任务，使助手们各负其责。另外，机长应该指导助手的技术进步，帮助他们在很短的时间内提高技术水平，独当一面。事必躬亲的机长算不上优秀的机长，因为在集体作业中，仅靠个人的力量是难以做好工作的。

团结就是力量（右一为本书作者）

机长与助手的关系既是上下级关系，又是同志关系。要处理好这样的关系，作为机长必须加强自己的修养，所谓个人修养包括很多，主要有四点。

1. 要虚心，谨防傲气。古人云“三人行，必有我师”。以人之长补己之短，才能使自己的技术水平进一步提高。人与人之间天赋才能的差异，实际上远没有我们所想象的那么大，既然如此，我们为什么不能向其他同志学习呢？

2. 要待人和善、谨防霸气。俗话说：敬人者人恒敬之，这就是说只有尊重别人，才能受到别人的尊重。在实际工作中，有些机长态度蛮横、大摆机长的架子，自以为是，听不进半点不同意见，这样的机长迟早会栽跟头。

3. 要通情达理，谨防心胸狭窄。这主要是指在生产过程中，出现一些机械或工艺故障时，有些机长不是积极地查找原因，进行综合处理，而是怨天尤人，乱发脾气，大唱“悔不该”。更有甚者，猜疑心特重，搞得气氛紧张，关系难处。

4. 要加强语言修养。有人说“语言是蜜，它能黏住一切”。可在集体工作中，有许多机长虽心肠很好，但往往由于语言不慎而伤害其他同志的自尊，这种现象时有发生。另外，有些机长语言龌龊、举止粗鲁，经常打骂助手或徒弟，使大家不愿意和他在一起工作。这样的机长人品太差，确实有损形象。

二、机长的技术素质

机长如果没有较高的技术素质，何以服众？那机长的技术素质又体现在哪些方面呢？

首先，机长必须具备印刷机械的基础知识，对自己所操作的胶印机结构要了如指掌，对重点部位的调节方法要相当熟练，对机械故障的判断要基本准确。郑板桥画竹出名，能够“胸有成竹”。同样的道理，机长的胸中也应有整台胶印机。无论是国产胶印机还是进口高档胶印机，其基本原理都是相同的，只是在具体操作方法上有些差异。一般来说国产胶印机出现机械故障概率大，但不是说进口高档胶印机就不出机械故障。现在有些人把进口高档胶印机看成是“傻瓜机”，他们认为只要按几下按钮就能操作好胶印机，这种错误的认识只能导致他们在技术方面停滞不前。在胶印机的调节中，单张纸胶印机机长应当把重点放在滚筒叼牙、递纸叼牙、前规、侧规的交接关系，以及这些部件本身的调节上，同时还要特别注重三大压（辊压、版压、印压）的调节；卷筒纸胶印机的机长除对滚筒、墨辊压力、印刷压力进行调节外，重点要在张力控制、折页机构的调节上下大功夫。

其次要吃透印刷材料、精通印刷工艺。我们知道纸张、油墨、润湿液、印版、橡皮布和水、墨辊，这些印刷材料被称为胶印过程的原始材料，作为机长，必须通晓这些印刷材料的基本构成、性能以及这些材料在印刷过程中的变化情况。在印刷工艺方面，要掌握胶印中的变量，即环境温湿度、油墨层厚度、润湿液量、纸毛与墨渣在橡皮布上的堆积等。水墨平衡和合理包衬的理论始终贯穿在现代胶印的实践中，掌握好水墨平衡、合理包衬理论并付诸于实际操作是衡量机长水平的准则，是提高印品质量的关键要素。印刷工艺方面的故障大多反映在印刷材料的使用和工艺操作方法上。

此外，安全、规范的操作方法也能体现出机长技术素质的高低。不仅如此，机长操作胶印机的水平对助手来说具有示范作用，尤其是初来乍到，刚刚接触胶印机的新手，他们对机长操作方法的一点一滴都看在眼里、记在心里，甚至模仿。现在有许多机长在操作时很不规范，不按照程序进行而是随心所欲，结果不是出机械故障，便出人身事故。像这样的机长应当重罚。如果是助手出现这样的问题，机长应负主要责任。每年全国印刷厂由于对胶印机操作不当而发生的伤亡事故，令人触目惊心。我常说，对于无生命的机器来说，换个零部件并非难事，而对于有生命的人来说，伤了胳膊、手是何等的痛苦，希望各位机长深思。

三、机长能力的培养

胶印过程是一个复杂的过程，在这个过程中出现的问题多种多样，如何处理这些问题，是机长能力的体现。这些能力包括哪些方面，又是如何培养的呢？我认为应从以下几个方面考虑。

1. 质疑力

对事情追根究底几乎是所有优秀机长必备的素质，有人认为只有那些伟大、杰出的人物才具有这样的素质，而我们这些从事胶印机操作的人员具备不具备这样的素质无所谓。这是一种极为错误的想法。质疑是一种极有价值的思维素质，怀疑的目光，探索的精神，从来就是发展人类认识的一个重要动力。创新一般从质疑开始。优秀的机长没有极强的质疑力是不行的。我在此举个例子。当我们在印刷前一批印件时，一切都很正常，然而，再换印另一批印件时，结果不是工艺方面出问题，就是机械方面出故障。这时就需要我们多问几个为什么，这就是机长质疑力的表现。有些机长勇于探索、寻根溯源、大胆假设、小心求证、努力去排除故障；而有些机长遇到这样的问题却双手一摊说："这活干不成。"显然，后者不会成为优秀的机长。英国哲学家培根讲过一段富有哲理的话："一个人如果从肯定开始，必然以疑问告终；如果他准备从疑问开始，则会得到肯定的结果。"希望我们以此共勉。

2. 观察力

所谓观察力就是全面、准确、深入地认识事物特点的能力，是摘取成功之果必须具备的能力。在印刷过程中，机长耳闻目睹，既要巡视机器的运转情况，又要不停地观察印版水分、墨辊墨量的变化，尤其是要不断抽取印样，通过对比观察来调整水墨平衡，同时，也可发现橡皮布堆墨的状况、网点变化、糊版等一系列问题。这种观察不是蜻蜓点水、走马观花，而是一项非常耐心、细致的工作，千万不能等闲视之。

3. 判断力

观察能启发思维，而判断是对思维对象的断定。不是对它的肯定，就是对它的否定的思维形式。在实际印刷过程中，往往会出现这样或那样的工艺、机器的故障。此时，判断力就非常重要。首先，判断要真实，只有在真实的基础上，判断才有意义；其次，判断要准确，这是具有敏锐判断力的具体表现。当然，准确的判断要建立在观察力和相关知识以及操作经验的基础上。另外，判断要及时，及时准确的判断能减少不必要的辅助时间，从而进一步提高印件的产量和质量。

4. 思考力

正确的思考，是解决问题至关重要的条件。在印刷操作过程中当工艺或机械方面出现故障时，要有正确的思考方法，不能生搬硬套、信奉教条，而要相信事实，要利用扫描的方法加宽搜寻的方向，而不是急切地深入某个方向去探索。当某些东西进入视线范围以内时，尽量用不同的方法来看待它，而不是急着将目光转移到别的东西上面。一名优秀的机长不仅要善于思考，而且特别要注意思考方法的培养。

5. 适应力

现代印刷技术在印前方面发展迅速，日新月异，但胶印机的基本原理并没有发生质的变化。所以优秀的机长必须适应在不同的环境下操作不同类型的胶印机。有些机长把自己局限在某一种机型上，只要换一种机型，就无所适从了；有些机长只会在优越的环境条件下工作，环境稍差一些，就印不出好活件。所以说，机长必须在实践中完善自我。同时，希望机长们尽快掌握计算机的有关知识，以掌握现代高档胶印机的操作方法，适应知识经济时代的需要。

四、对机长的几点建议

一个胶印机操作者怎样才能成为优秀的机长，潇洒地驾驭胶印机，和助手们一道印制出一件件精美的印刷品呢？对此，我想给大家提出几点建议。

1. 做人要谦虚

毛主席说过：虚心使人进步，骄傲使人落后。待人诚恳、虚心学习的人肯定能够取得更大的成功。在工作中，大家要互相学习，互相尊重，互相团结，互相帮助，这是成为优秀机长最核心的要素。诚然，有些机长的确很努力、很聪明，技术上很有一套，但又很自负，颇为自高自大，从不把老板、领导或同事放在眼里，频繁要求涨薪、跳槽。这样的机长即使有些技术，肯定也很有限，不可能得到同事们的欢迎和企业的认可，也不可能成为最优秀的机长。

2. 培养对工作的兴趣，练就高超技能

如果你决定从事胶印工作，就要根据自己的身体条件、掌握的印刷基础理论，不断培养自己对胶印工作的浓厚兴趣。因为兴趣是最好的老师，只有自己真心喜欢这份工作，才能学好干好。同时还要努力培养自己的组织能力、协调能力，加强职业道德修养，建立和谐的人际关系，使自己能够更好地开展各项工作。

在技能掌握方面，似乎没有什么捷径，只能在"学中干，干中学"这六个字上下苦功夫，要一不怕苦，二不怕累，努力地做好每一天的工作。不管什么事情，哪怕再小、再不起眼，哪怕再不需要什么技巧与能力，也要持之以恒、日复一日地做好看似最简单的工作。谁能够把简单的日常工作做精细、做专业、做到位、做扎实，并长期坚持下去，谁就能获得成功。有关印刷操作的基本功夫，要反复练、经常练，才能达到炉火纯青的地步。我们姑且以"拉版"为例：有的机长对上下规矩差一点点的印件，只拉动一次版即可开印，而有些机长则要拉动几次，不是偏上便是偏下，甚至把好端端的印版拉得报废。类似事例，可能还有很多。人们常说："台上一分钟、台下十年功。"由此看来，要想掌握高超技能，非一朝一夕之功，必须得付出辛勤的汗水。

3. 业余时间多看书

任何人都要懂得投资自己，要舍得花一部分时间和一部分收入，放在信息收集、技术学习或能力开发上面，使自己能够不断学习新工艺，掌握新技术，始终走在印刷技术的前沿。我发现许多印刷厂的一些机长只知道埋头干活，而不愿意花时间阅读一些印刷技术的书籍或杂志，这是非常不好的现象。笔者曾去过一家私营印刷企业讲课，发现这些企业的员工特别吃苦能干，既会切纸，又会调墨，又会开机器，但就是文化知识欠缺，理论基础不足，遇有问题时，只能靠经验解决。显然，一个人如果在工作中只干不学的话，其技术水平就很难有明显的提高，就很难获得理想的待遇。随着科学技术的不断发展，也许再过若干年，数码印刷机会全面普及，不学习的人就会被淘汰。

4. 规划自己

所谓规划自己就是为自己设定具体目标，制定自己所能达到的目标。做好胶印机机长是目标，更具体的目标就是在两三年内成为优秀的机长，无论怎样考核都能过关，不管什么印件，我都能拿下来。这就需要一个非常详细的规划，在实施这个详细规划过程中要有全力以赴的劲头，要有不达目的不罢休的态度。事实上这种事情说起来容易做起来太难了。但一个人的一生中，如果没有一样东西使你全力以赴，全神贯注，那你的人生可以说是苍白的一生。曾有许多人干了一辈子胶印机，也无法成为机长，原因就在于此。

5. 总结自己

客观地讲，一个善于不断总结的机长，其技术水平将有很大提高。总结自己就是对自己在工作中所做所为的回顾。我在当机长期间，坚持写工作日记，详细记录工作中的得失，尤其是对胶印机结构、工艺、印刷材料中的疑难问题等都要记录在案。对于好的经验当然不能放过，对于遇到的故障及排除方法要现场笔录，然后再做整理，进行总结。这种做法是对工作持严谨态度的一种具体表现。还有一点特别重要，就是机长在总结自己的同时，一定要虚心听取同事对自己的意见，这样总结是最有收获的，特别有利于自己迅速提高理论和实践操作水平。

有人说“买一台胶印机是容易的，但要找一名才华出众的优秀机长却非常非常难”。此话有一定道理，同时，这也说明在印刷行业中人才的可贵。在知识经济时代，企业的竞争、产品的竞争、技术的竞争等诸多竞争，归根结底还是人才的竞争，因为人才即财富。所以，我们广大印刷者只有立足本职，踏实工作，勤奋学习，苦练技术本领，才能成为一名优秀的机长，才能干出一番事业！

编 者

2012.8.1